职业教育自动化类专业融媒体特色教材

工业机器人技术应用与实训

徐文明 主编

王 倩 王 斌 副主编

黄汉军 主审

化学工业出版社

·北京·

内容简介

本书共分为6个项目：工业机器人安全认识、工业机器人安装、工业机器人示教器操作、工业机器人示教器编程、工业机器人程序备份及恢复、工业机器人系统维护。6个项目下设置19个任务，每个任务设置任务描述、任务目标、任务准备、任务实施、任务小结、任务测评，通过目标引出知识，通过理论联系实际，通过任务实施加强技能训练，进而由小结回顾知识，再由测评检验知识和能力，结构完整，形成闭环。任务测评中的选择题和判断题支持在线测试，扫描二维码即可在线答题，检查学习效果。另外，本书还设有3个附录，分别是实训安全操作须知、课程思政图谱和任务测评答案（扫描二维码获取）。本书配套电子课件，可供参考使用。

本书可作为中等职业院校机电设备类、自动化类专业的教材，也可作为1+X工业机器人操作与运维（初级）考证的辅导教材，亦可供相关技术人员参考使用。

图书在版编目（CIP）数据

工业机器人技术应用与实训/徐文明主编．—北京：化学工业出版社，2022.1

ISBN 978-7-122-40024-6

Ⅰ.①工…　Ⅱ.①徐…　Ⅲ.①工业机器人-中等专业学校-教材　Ⅳ.①TP242.2

中国版本图书馆CIP数据核字（2021）第201551号

责任编辑：葛瑞祎　刘　哲
责任校对：宋　玮　　装帧设计：刘丽华

出版发行：化学工业出版社（北京市东城区青年湖南街13号　邮政编码100011）
印　　装：三河市延风印装有限公司
787mm×1092mm　1/16　印张11½　字数255千字　2022年2月北京第1版第1次印刷

购书咨询：010-64518888　　售后服务：010-64518899
网　　址：http://www.cip.com.cn
凡购买本书，如有缺损质量问题，本社销售中心负责调换。

定　　价：35.00元

前言

工业机器人是近代自动控制领域中出现的一项新兴技术，它综合了机械工程、电子工程、计算机技术、自动控制及人工智能等多种学科的最新研究成果，成为现代智能制造领域的一个重要组成部分。根据教育部对职业教育国家规划教材建设工作的有关精神，编者结合工业机器人技术应用及其相关课程标准要求，参照1+X工业机器人操作与运维职业技能等级标准（初级）编写了本书。

本书根据“以市场需求为导向，以职业能力为本位，以培养应用型高技能人才为中心”的原则，调整和组织教学内容，增强认知结构与能力结构的有机结合，课程教学注重思政内容的融入，旨在培养具备高素质、高技能的应用型人才。

全书设有6个项目，分别是工业机器人安全认识、工业机器人安装、工业机器人示教器操作、工业机器人示教器编程、工业机器人程序备份及恢复和工业机器人系统维护。6个项目下设置了19个任务，每个任务设置任务描述、任务目标、任务准备、任务实施、任务小结、任务测评。每个任务都通过目标引出知识，通过理论联系实际，通过任务实施加强技能训练，进而由小结回顾知识，再由测评检验知识和能力，结构完整，形成闭环。任务测评中的选择题和判断题支持在线测试，扫描二维码即可在线答题，检查学习效果。本书力求体现职业教育特点，以应用为目的，突出实际应用和操作技能，将理论知识和案例应用有机结合在一起。本书还设有3个附录，分别是实训安全操作须知、课程思政图谱、任务测评答案（扫描二维码获取）。本书配套电子课件，需要者可以到化学工业出版社教学资源网站 http://www.cipedu.com.cn 下载使用。

本书由上海石化工业学校徐文明任主编，上海市松江区新桥职业技术学校王倩和上海市工业技术学校王斌任副主编，上海市机械工业学校沈琳东和上海工商信息学校张怡参与了部分内容的编写，参与本书编写的人员都是在职业院校从事教学和研究的一线教师。具体分工如下：徐文明编写了项目一、项目三、项目四和附录，沈琳东编写了项目二的任务一、二，张怡编写了项目二的任务三，王倩编写了项目五，王斌编写了项目六。徐文明负责本书的整体策划和统稿，上海石化工业学校黄汉军对本书进行了审阅。

在本书编写过程中，上海石化工业学校、上海市松江区新桥职业技术学校、上海市工业技术学校、上海市机械工业学校、上海工商信息学校、北京华航唯实机器人科技股份有限公司等单位领导和同仁给予了大力支持，北京华航唯实机器人科技股份有限公司的黄锦鹤、张大维等工程技术人员和相关行业企业友人对本书的编写给予了技术支持和帮助，在此表示衷心的感谢！

限于编者水平，书中难免会有不妥之处，敬请读者批评指正。

编者

2021 年 9 月

目录

项目一　工业机器人安全认识

【知识与能力目标】

1. 全面了解工业机器人系统中存在的安全风险。

2. 知晓工业机器人安装、维护、操作规范和要求。

3. 能正确穿戴个人防护用品。

4. 能熟练操作安全防护装备。

5. 能识别工业机器人在操作过程中的危险因素。

6. 能根据过往发生过的安全事故推测出可能存在的安全隐患并做出相应对策。

【思政与职业素养目标】

1. 学会个人防护用品穿戴，具备个人安全防护意识，使学生在潜移默化中牢固树立安全观念。

2. 熟悉工业机器人本体的安全对策，具备安全感、责任感，锻炼学生沉着冷静面对紧急情况的能力。

3. 使学生养成认真的学习态度和吃苦耐劳的劳动品质。

【项目概述】

本项目对工业机器人安全操作准备和通用安全操作进行了详细的讲解，并设置了丰富的实训内容，可以使学生通过实操掌握工业机器人安全操作相关事项，能够正确穿戴工业机器人安全作业服和安全防护装备，能够了解安全生产规章制度。

工业机器人安全认识项目拆分如下。

工业机器人安全认识
- 任务一　工业机器人安全操作准备
- 任务二　工业机器人通用安全操作

任务一　工业机器人安全操作准备

【任务描述】

根据工业机器人工作站的安全操作要求，了解工业机器人系统中存在的安全风险，掌握工业机器人安全操作规程。在操作工业机器人系统之前，正确穿戴工业机器人安全操作个人防护用品。

【任务目标】

1. 能识别工业机器人安全风险。
2. 知道工业机器人安全操作规程。
3. 正确穿戴工业机器人安全操作个人防护用品。
4. 通过讲述正确的安全防护知识与操作规程，培养学生的安全意识和职业精神。

【任务准备】

一、工业机器人安全操作规范

任何负责安装、维护、操作工业机器人的人员务必阅读并遵循以下通用安全操作规范。

① 只有熟悉工业机器人并且经过工业机器人安装、维护、操作方面培训的人员才允许安装、维护、操作工业机器人。

② 安装、维护、操作工业机器人的人员在饮酒、服用药品或兴奋药物后，不得安装、维护、使用工业机器人。

③ 安装、维护、操作工业机器人的人员必须有意识地对自身安全进行保护，必须主动穿戴安全帽、安全作业服、安全防护鞋等。

④ 在安装、维护工业机器人时必须使用符合安装、维护要求的专用工具，安装维护工业机器人的人员必须严格按照安装、维护说明手册或安全操作指导

书中的步骤进行安装和维护。

二、工业机器人安全风险识别

工业机器人是一种自动化程度较高的智能装备。在操作工业机器人前，操作人员需要先了解工业机器人操作或运行过程中可能存在的各种安全风险，并能够对安全风险进行控制。

1. 工业机器人系统非电压相关的安全风险识别

工业机器人系统非电压相关的安全风险包括以下几项。

① 工业机器人的工作空间前方必须设置安全区域，防止他人擅自进入，可以配备安全光栅或感应装置作为配套装置。

② 如果工业机器人采用空中安装、悬挂或其他并非直接坐落于地面的安装方式，可能会比直接坐落于地面的安装方式存在更多的安全风险。

③ 在释放制动闸时，工业机器人的关节轴会受到重力影响而坠落。除了可能受到运动的工业机器人部件撞击外，还可能受到平行手臂的挤压（若有此部件）。

④ 工业机器人中存储的用于平衡某些关节轴的电量可能在拆卸工业机器人或其部件时释放。

⑤ 在拆卸组装机械单元时，应提防掉落的物体。

⑥ 注意运行中或运行结束的工业机器人及控制器中存在的热能。在实际触摸之前，务必先用手在一定距离感受可能会变热的组件是否有热辐射。如果要拆卸可能会变热的组件，应等到它冷却后，或者采用其他方式进行预处理。

⑦ 切勿将工业机器人当作梯子使用，这可能会损坏工业机器人。由于工业机器人的电动机可能会产生高温，或工业机器人可能会发生漏油现象，所以攀爬工业机器人会存在严重的滑倒风险。

2. 工业机器人系统电压相关的安全风险识别

工业机器人系统电压相关的安全风险包括以下几项。

① 尽管有时需要在通电情况下进行故障排除，但是在维修故障、断开或连接各单元时，必须关闭工业机器人系统的主电源开关。

② 在工业机器人的工作空间之外，必须保证操作人员可以关闭整个工业机器人系统。

③ 在系统上操作时，确保没有其他人可以打开工业机器人系统的电源。

④ 注意控制柜的以下部件可能伴有高压危险。

a. 注意控制器（直流链路、超级电容器设备）存有电能。

b. 可由外部电源供电的I/O模块之类的设备。

c. 主电源开关。

d. 变压器。

e. 电源单元。

f. 控制电源（230V AC）。

g. 整流器单元（262/400～480V AC 和 400/700V DC）。

h. 驱动单元（400/700V DC）。

i. 驱动系统电源（230V AC）。

j. 维修插座（115/230V AC）。

k. 用户电源（230V AC）。

l. 机械加工过程中的额外工具电源单元或特殊电源单元。

m. 即使已断开工业机器人与主电源的连接，控制器连接的外部电压仍存在。

n. 附加连接。

⑤ 注意工业机器人以下部件可能伴有高压危险。

a. 电动机电源（高达 800V DC）。

b. 末端执行器或系统中其他部件的用户连接（最高 230V AC）。

⑥ 需要注意末端执行器、物料搬运装置等的带电风险。

注意：即使工业机器人系统处于关机状态，末端执行器、物料搬运装置等也可能是带电的。在工业机器人工作过程中，处于运行状态的电缆可能会出现破损。

三、所用工业机器人基本情况

本书所采用的工业机器人为 IRB 120 六轴机器人，IRB 120 是一款多用途工业机器人，质量仅为 25kg，荷重 3kg（垂直腕为 4kg），工作范围达 580mm。IRB 120 可用于物料搬运与装配应用等场合。

【任务实施】

一、实施前检查

① 工作服、安全鞋、安全帽。

② 工业机器人（本体、控制柜、示教器）。

③ 干净的擦机布。

二、工业机器人安全操作个人防护用品穿戴

个人防护用品就是人在生产和生活中为防御物理、化学、生物等有害因素伤害人体而穿戴和配备的各种物品的总称，也称作劳动防护用品或劳动保护用

品。工业机器人安全作业前，操作人员要根据工作环境、生产工艺和岗位性质穿戴和配备好相关的个人防护用品。

1. 头部防护用品

头部防护用品是为防御头部不受外来物体打击和其他因素危害而采取的个人防护用品。

根据防护要求，目前主要有普通工作帽、防尘帽、防水帽、防寒帽、安全帽、防静电帽、防高温帽、防电磁辐射帽、防昆虫帽等九类产品。

安全帽由帽壳、帽衬、下颚带和后箍组成，如图 1-1 所示。帽壳呈半球形，坚固、光滑并有一定弹性，打击物的冲击和穿刺动能主要由帽壳承受。帽壳和帽衬之间留有一定空间，可缓冲、分散瞬时冲击力，从而避免或减轻对头部的直接伤害。安全帽在工矿企业、建筑施工现场、高空作业中是必须配备的劳动防护用品。

图 1-1　安全帽

安全帽的防护作用如下：

① 防止飞来物体对头部的打击；

② 防止从高处坠落时头部受伤害；

③ 防止头部遭电击；

④ 防止化学品和高温液体从头顶浇下时头部受伤；

⑤ 防止头发被卷进机器里或暴露在粉尘中；

⑥ 防止在易燃易爆区内，因头发产生的静电引爆危险。

安全帽的使用维护及注意事项如下：

① 选用与自己头型合适的安全帽，帽衬顶端与帽壳内顶必须保持 20～50mm 的空间，形成一个能量吸收缓冲系统，将冲击力分布在头盖骨的整个面积上，减轻对头部的伤害。

② 必须戴正安全帽，扣好下颚带。

③ 安全帽在使用前，要进行外观检查，发现帽壳与帽衬有异常损伤、裂痕就不能再使用，而应当更换新的安全帽。

④ 安全帽如果较长时间不用，则需存放在干燥通风的地方，远离热源，不应受日光的直射。

⑤ 安全帽的使用期限：塑料的不超过 2.5 年；玻璃钢的不超过 3 年。到期的安全帽要进行检验测试，符合要求方能继续使用。

2. 眼面部防护用品

预防烟雾、尘粒、金属火花和飞屑、热辐射、电磁辐射、激光、化学飞溅等伤害眼睛或面部的个人防护用品，称为眼面部防护用品，如图 1-2 所示。

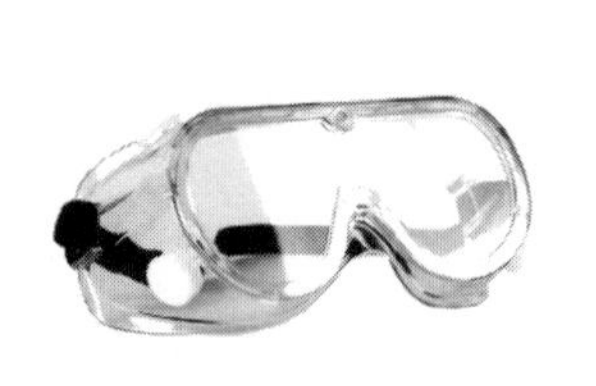

图 1-2 眼面部防护用品举例

根据防护功能，眼面部防护用品大致可分为防尘、防水、防冲击、防高温、防电磁辐射、防射线、防化学飞溅、防风沙、防强光九类。作用如下：

① 防止飞溅物、碎屑、灰沙伤害眼睛及面部；

② 防止化学性物品的伤害；

③ 防止强光、微波、激光和电离辐射等的伤害。

注意事项：在进行打磨、切割、钻孔等工作时必须佩戴防护眼罩，以防止眼睛被飞出的碎片割伤。

3. 听觉器官防护用品

听觉器官防护用品是能够防止过量的声能侵入外耳道，使人耳避免噪声的过度刺激，减少听力损伤，预防噪声对人体引起的不良影响的个体防护用品。听觉器官防护用品主要有耳塞（图 1-3）、耳罩和防噪声头盔三大类。

作用：防止耳部受损（当噪声大于 80dB 时需佩戴）。

使用方法：洗净双手，先将耳廓向上提拉，使耳腔呈平直状态，然后手持耳塞柄，将耳塞帽体部分轻轻推向外耳道内。不要用力过猛，自我感觉舒适即可。

4. 足部防护用品

足部防护用品是防止生产过程中有害物质和能量损伤劳动者足部的护具，通常被人们称为劳动防护鞋，如图 1-4 所示。

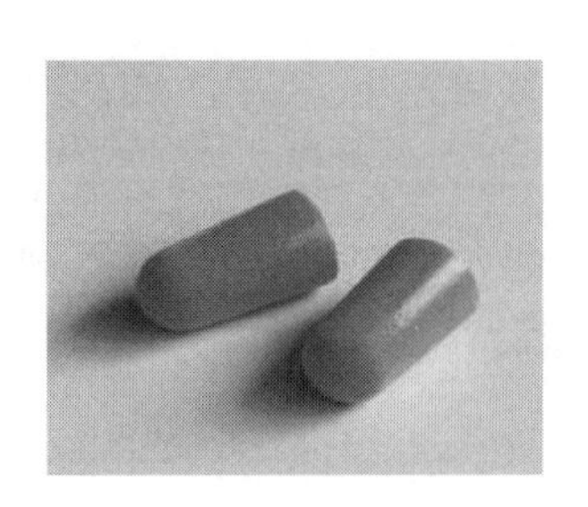

图 1-3 耳塞

图 1-4 劳动防护鞋

国家标准按防护功能将足部防护用品分为防尘鞋、防水鞋、防寒鞋、防冲击鞋、防静电鞋、防高温鞋、防酸碱鞋、防油鞋、防烫脚鞋、防滑鞋、防穿刺鞋、电绝缘鞋、防震鞋等十三类。

5. 躯干防护用品

躯干防护用品就是我们通常讲的防护服。根据防护功能，防护服分为普通防护服、防水服、防寒服、防砸背服、防毒服、阻燃服、防静电服、防高温服、防电磁辐射服、耐酸碱服、防油服、水上救生衣、防昆虫服、防风沙服等十四类产品。

一般防护服的款式按照其造型特征分类，主要分为上身与下身分离式（图 1-5）、上衣与裤子或帽子连为一体式、袍褂式、背心式、背带工装裤式、围裙式、反穿衣式。

应根据具体工作性质选择工作服，合适的衣着和工作服可协助调节体温，保护皮肤，以达到防水、防火、防热辐射、防毒、防动物咬等目的。衣着与工作服是否合适，直接关系着人体健康。

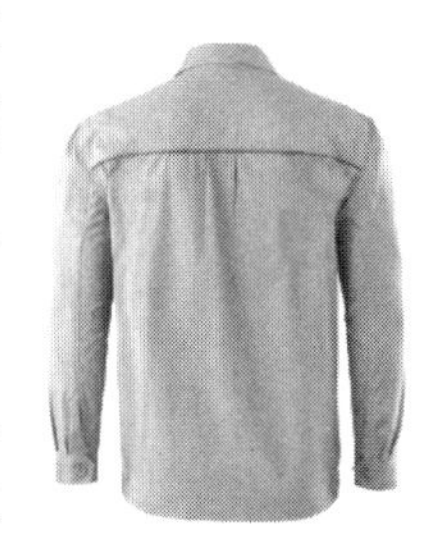

图 1-5　上身与下身分离式防护服

高温环境下工作时，接触热辐射量大，因此，操作人员在高温条件下工作时穿着的工作服应尽量采用白色或浅色，布料要厚而软。另外，高温下工作出汗多，有些人喜欢上身赤膊，这样会导致热辐射灼伤皮肤，使皮肤热而干，从而降低散热功能，还容易使身体受伤，因此高温下工作不但应该穿衣服，还应当穿着较厚的长袖衣服和长裤，并戴上手套甚至面罩、护脚罩等。

机械工人经常来往于机器之间，则需要避免衣服被机器缠绞，其衣服还需要耐摩擦。因而，其工作服就要求是紧身的，下摆、袖口、裤腿都是可以扣起来的，并且布料要求较结实、耐磨，色泽以较深为宜。

三、依照规程进行工业机器人安全操作

安全操作规程是安全操作各种设备的指导文件，是安全生产的技术保障，是职工操作机械和调整仪表以及从事其他作业时必须遵守的规章和程序。安全操作规程规定了操作过程该干什么，不该干什么，或设备应该处于什么样的状态，是操作人员正确操作设备的依据，是保证设备安全运行的规范，对提高设备可利用率、防止故障和事故发生、延长设备使用寿命等起着重要作用。让职工都能正确地使用各类设备，是设备安全操作规程的主要目的。安全操作规程主要包含以下内容。

1. 操作前的准备

明确规定操作时必须穿戴个人防护用品，并严格按照所穿戴的劳保用品的要求穿戴；操作前应该准备必备的工装器具；设备应该处于初始状态；做好操作前的安全检查；等等。

2. 操作过程中的要求

设备启动的先后顺序和每个具体步骤的操作方式正确，机器设备的状态正常。如：手柄、开关所处的位置；操作设备过程中操作人员所处的位置和操作过程中的规范姿势；操作设备过程中禁止的行为；操作设备过程中出现异常情况如何处理等。

3. 操作完成后的工作

将各操作手柄、按钮复位，设备状态恢复；所使用的工具要清点，作业用辅助设施及时拆除；设备润滑，场地清理；维修作业要做好设备交接；个人防护用品应在作业完成后摘除等。

【任务小结】

1. 工业机器人系统非电压相关的安全风险识别：①安全光栅或感应装置；②悬挂或其他并非直接坐落于地面的安装方式存在更多的安全风险；③在释放制动闸时，工业机器人的关节轴会受到重力影响而坠落；④存储的用于平衡某些关节轴的电量可能在拆卸工业机器人或其部件时释放；⑤在拆卸组装机械单元时，可能有掉落的物体；⑥运行中或运行结束的工业机器人及控制器中存在的热能；⑦攀爬工业机器人会存在严重的滑倒风险。

2. 工业机器人系统电压相关的安全风险识别：①在维修故障、断开或连接各单元时，必须关闭工业机器人系统的主电源开关；②在工业机器人的工作空间之外，必须保证操作人员可以关闭整个工业机器人系统；③在系统上操作时，确保没有其他人可以打开工业机器人系统的电源；④控制器的电子部件伴有高压危险；⑤即使工业机器人系统处于关机状态，末端执行器、物料搬运装置等也可能是带电的。

3. 工业机器人安全操作个人防护用品穿戴：①头部防护用品；②眼面部防护用品；③听觉器官防护用品；④足部防护用品；⑤躯干防护用品。

4. 依照规程进行工业机器人安全操作：①操作前，应该准备工装器具、检查初始状态等；②操作过程中，要求设备启动的先后顺序和每个具体步骤的操作方式正确，机器设备的状态正常；③操作完成后的工作：将设备状态恢复、场地清理、设备交接、个人防护用品摘除等。

班级：__________ 学号：__________ 姓名：__________ 日期：__________

【任务测评】

在线测试

一、填空题

1. 在进行检查作业前，需要穿戴工作服、__________、安全帽。

2. 工业机器人系统的控制柜和__________的部件都可能伴有高压风险。

3. 安装和拆卸机器人是请提防__________的风险。

4. 释放制动闸时，工业机器人关节轴会因受到__________影响而坠落。

5. 为了防止他人误入工业机器人的工作范围而产生风险，可以在工业机器人外围配备__________或感应装置作为配套安全装置。

二、选择题

1. 工业机器人异常发热的原因不包括（　　）。

A. 过载运行　　B. 电源欠压

C. 长时间运行　　D. 空气过滤器阻塞

2. 制动闸释放的含义是（　　）。

A. 可能造成人员挤压伤害风险

B. 对于大型工业机器人，点击对应关节轴的制动闸释放按钮，对应的电机抱闸会打开

C. 起到限位作用

D. 起到紧固作用

3. 工业机器人系统中非电压相关的风险是（　　）。

A. 拆卸或安装机器人时存在物体掉落的风险

B. 即使工业机器人已经断电，控制柜连接的外部电压仍存在

C. 一些故障维修需要在断电情况下进行

D. 需要注意本体部件伴有的高压危险

4. 控制柜的控制电源电压是（　　）。

A. 230V DC　　B. 800V AC　　C. 800V DC　　D. 230V AC

5. 工作人员在（　　）状态下可以对工业机器人进行操作。

A. 饮酒　　B. 身体健康状况良好

C. 极度疲乏　　D. 服用兴奋剂后

三、判断题

1. 可以采用用手接触可能发热组件的方式判断组件是否发热。（　　）

2. 工业机器人本体的电机电源可高达800V。 （ ）

3. 工业机器人处于关机状态时，工具和物料搬运装置等也可能是带电的。

（ ）

4. 工业机器人悬挂式安装要比坐落于地面的安装方式风险大。 （ ）

5. 工作人员可以在服用兴奋药物后对工业机器人进行操作。 （ ）

四、操作题

正确做好个人安全防护准备工作十分重要。对照安全准备工作任务操作表（表1-1），检查个人防护用品穿戴情况，在表中填写穿戴的要求和目的。

表1-1 安全准备工作任务操作表

序号	穿戴的要求和目的	图示
1		必须穿防护鞋
2		必须穿工作服
3		必须戴安全帽

任务二　工业机器人通用安全操作

【任务描述】

根据工业机器人工作站的安全操作要求，了解工业机器人系统操作过程中必须掌握的安全标志，掌握工业机器人应急安全操作，掌握工业机器人及工业机器人系统操作的一些安全对策。

【任务目标】

1. 能识读工业机器人安全标志。
2. 知道工业机器人应急安全操作。
3. 知道工业机器人本体的安全对策。
4. 提高学生的安全意识与职业素养。

【任务准备】

一、安全色

1. 安全色的定义

安全色是表达安全信息的颜色，表示禁止、警告、指令、提示等意义。使用安全色，可以使人们对威胁安全和健康的物体和环境做出快速的反应，迅速发现或分辨安全标志，及时得到提醒，以防止事故、危害发生。

安全色用途广泛，如用于安全标志牌、交通标志牌、防护栏杆及机器上不准乱动的部位等。安全色的应用必须以表示安全为目的，并在规定的颜色范围内。

2. 通用的安全色

我国制定了安全色国家标准，规定用红、黄、蓝、绿四种颜色作为通用的安全色。四种安全色的含义和用途如下。

（1）红色　表示禁止、停止、消防和危险的意思。禁止、停止和有危险的器件设备或环境涂以红色的标记，如禁止标志、交通禁令标志、消防设备、停止按钮和停车、刹车装置的操纵把手、仪表刻度盘上的极限位置刻度、机器转动部件的裸露部分、液化石油气槽车的条带及文字、危险信号旗等。

（2）黄色　表示注意、警告的意思。需警告人们注意的器件、设备或环境涂以黄色标记，如警告标志、交通警告标志、道路交通路面标志、带轮及其防护罩的内壁、砂轮机罩的内壁、楼梯的第一级和最后一级的踏步前沿、防护栏杆及警告信号旗等。

（3）蓝色　表示指令、必须遵守的规定，如指令标志、交通指示标志等。

（4）绿色　表示通行、安全和提供信息的意思。可以通行或安全情况涂以绿色标记，如表示通行、机器启动按钮、安全信号旗等。

另外，黑、白两种颜色一般作为安全色的对比色，主要用作上述各种安全色的背景色，例如安全标志牌上的底色一般采用白色或黑色。

二、安全标志

1. 安全标志的定义

安全标志由安全色、几何图形和图形符号构成，用以表达特定的安全信息。在必要的情况下，还可以加上补充文字进行说明。

安全标志是向工作人员警示工作场所或周围环境的危险状况，指导人们采取合理行为的标志。安全标志能够提醒工作人员预防危险，从而避免事故发生。当危险发生时，能够指示人们尽快逃离，或者指示人们采取正确、有效、得力的措施，对危险加以遏制。安全标志不仅类型要与所警示的内容相吻合，而且设置位置要正确合理，否则就难以真正充分发挥其警示作用。

2. 安全标志的类别

安全标志分为禁止标志、警告标志、指令标志和提示标志。

（1）禁止标志　禁止标志的含义是不准或制止人们的某些行动。禁止标志的几何图形是带斜杠的圆环，其中圆环与斜杠相连，用红色；图形符号用黑色；背景用白色。

常见的禁止标志有：禁放易燃物、禁止吸烟、禁止通行、禁止烟火、禁止用水灭火、禁带火种、运转时禁止加油、禁止跨越、禁止乘车、禁止攀登等。

部分常见的禁止标志如图 1-6 所示。

(a) 禁放易燃物

(b) 禁止吸烟

(c) 禁止通行

(d) 禁止烟火

图 1-6　部分常见的禁止标志

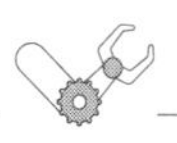

（2）警告标志　警告标志的含义是警告人们可能发生的危险。警告标志的几何图形是黑色的正三角形，黑色图形符号和黄色背景。

常见的警告标志有：注意安全、当心触电、当心爆炸、当心火灾、当心腐蚀、当心中毒、当心机械伤人、当心伤手、当心吊物、当心扎脚、当心落物、当心坠落、当心车辆、当心弧光、当心冒顶、当心瓦斯、当心塌方、当心坑洞、当心电离辐射、当心裂变物质、当心激光、当心微波、当心滑跌等。

部分常见的警告标志如图 1-7 所示。

(a) 注意安全　(b) 当心触电　(c) 当心爆炸　(d) 当心火灾

图 1-7　部分常见的警告标志

（3）指令标志　指令标志的含义是必须遵守。指令标志的几何图形是圆形，蓝色背景，白色图形符号。

常见的指令标志有：必须戴安全帽、必须穿防护鞋、必须戴防毒面具、必须戴防护眼镜、必须系安全带、必须戴护耳器、必须戴防护手套、必须穿防护服等。

部分常见的指令标志如图 1-8 所示。

(a) 必须戴安全帽　(b) 必须穿防护鞋　(c) 必须戴防毒面具　(d) 必须戴防护眼镜

图 1-8　部分常见的指令标志

（4）提示标志　提示标志的含义是示意目标的方向。提示标志的几何图形是方形，绿、红色背景，白色图形符号及文字。

常见一般提示标志（绿色背景）有：安全通道、避险处等；消防设备提示标志（红色背景）有：消防水带、消防警铃、火警电话、地下消火栓、地上消火栓、灭火器、消防水泵结合器等。

部分常见的提示标志如图 1-9 所示。

(a) 安全通道

(b) 避险处

(c) 消防水带

(d) 消防警铃

图 1-9 部分常见的提示标志

【任务实施】

一、实施前检查

① 工作服、安全鞋、安全帽。

② 工业机器人（本体、控制柜、示教器）。

③ 干净的擦机布。

二、工业机器人安全标志识读

在从事与工业机器人操作相关的工作时，一定要注意相关的警告标志，并严格按照相关标志的指示进行操作，以此确保操作人员和工业机器人本体的安全，并逐步提高操作人员的安全防范意识和生产效率。

1. 与人身安全相关的安全标志

在工业机器人的相关作业过程中，与人身安全以及工业机器人使用安全相关的常见安全标志如表 1-2 所示。

表 1-2 与人身安全以及工业机器人使用安全相关的常见安全标志

序号	标志	名称	含义	序号	标志	名称	含义
1		危险	如果不依照说明操作，就会发生事故，并导致严重或致命的人员伤害和/或严重的产品损坏	5		静电放电（ESD）	针对可能会导致严重产品损坏的电气危险的警告
2		警告	如果不依照说明操作，可能会发生事故，造成严重的伤害（可能致命）和/或重大的产品损坏	6		注意	描述重要的事实和条件，提醒特别关注
3		电击	针对可能会导致严重的人身伤害或死亡的电气危险的警告	7		提示	描述从何处查找附加信息或如何以更简单的方式进行操作
4		小心	如果不依照说明操作，可能会发生造成伤害和/或产品损坏的事故				

2. 工业机器人常见安全标志

一般在工业机器人本体和控制柜上也都贴有数个安全标志。在安装和检修或者操作工业机器人期间，能掌握这些安全标志对于工作人员来说意义重大。工业机器人本体和控制柜上的常见安全标志如表 1-3 所示。

表 1-3　工业机器人本体和控制柜上的常见安全标志

序号	标志	名称	含义	序号	标志	名称	含义
1		禁止	此标志要与其他标志组合使用	9		加注机油	按要求定期加注机油
2		禁入危险	机器人工作时，禁止进入机器人工作范围内	10		加注润滑油	按要求定期加注润滑油
3		叶轮危险	检修前必须断电	11		加注润滑脂	按要求定期加注润滑脂
4		螺旋危险	检修前必须断电	12		禁止拆卸	拆卸此部件可能会导致伤害
5		旋转轴危险	保持远离，禁止触摸	13		禁止踩踏	如果踩踏这些部件，可能会造成损坏
6		卷入危险	保持双手远离	14		高温	存在可能导致灼伤的高温风险
7		当心伤手	保持双手远离	15		转动危险	可导致严重伤害，维护保养前必须断开电源并锁定
8		夹点危险	若移除护罩，则禁止操作				

三、工业机器人应急安全操作

1. 紧急停止按钮的使用

紧急停止按钮优先于任何其他工业机器人控制操作，工业机器人控制柜和示教器上都带有紧急停止按钮，如图 1-10 所示。按下紧急停止按钮能够及时断开工业机器人电动机的驱动电源，停止所有运转部件，并切断由工业机器人系统控制且存在潜在危险的功能部件的电源。

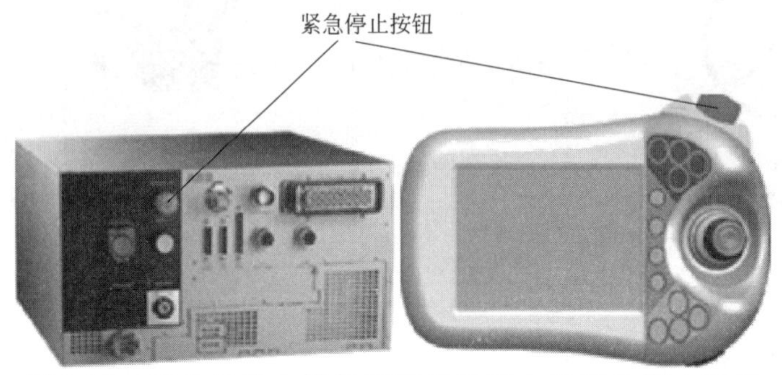

图 1-10　工业机器人控制柜和示教器上的紧急停止按钮

出现以下两种情况时需要立即按下任意位置上的紧急停止按钮：

①工业机器人处于运行状态时，工作区域内有工作人员出现时；

②工业机器人与周边设备发生碰撞或者伤害操作人员时。

2. 紧急情况下释放工业机器人手臂

当发生紧急情况，例如有操作人员受困于工业机器人手臂之中时，可通过按制动闸释放按钮（图 1-11）手动释放工业机器人轴上的制动闸来解救受困人员。按完制动闸释放按钮之后，对于较小型的工业机器人，此时就能够手动移动工业机器人手臂来处理紧急的情况，但要移动较大型号的工业机器人则可能需要使用高架起重机或类似设备。在释放制动闸前，一定要先确保按制动闸释放按钮后，工业机器人手臂的重量不会增加对受困人员的压力，进而增加任何受伤风险。

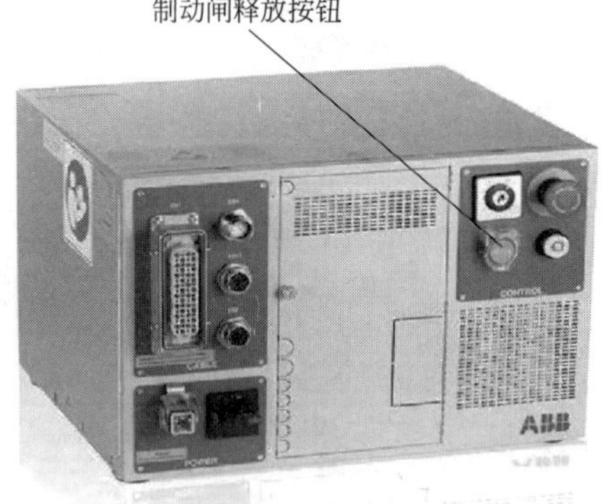

图 1-11　控制柜上的制动阀释放按钮

3. 使能器按钮的使用

使能器按钮是工业机器人为保护操作人员人身安全而设置的，如图 1-12 所示。使能器按钮有三挡位置，正常使能作用是用左手四指一起按压至中间位置。当发生危险情况时，人会本能地将使能器按钮松开或按紧，此时工业机器人就会马上停止，保证了操作人员的人身安全。

4. 灭火器的使用

当工业机器人系统（工业机器人或控制柜）发生火灾时，应使用二氧化碳灭火器进行灭火，如图1-13所示，切勿使用水或泡沫灭火器。

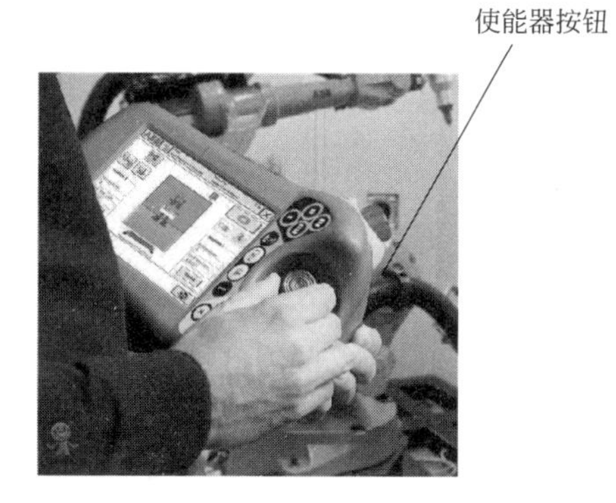

图1-12　使能器按钮使用示意图

图1-13　二氧化碳灭火器

四、工业机器人本体的安全对策

操作工业机器人或工业机器人系统时，要掌握和注意的安全事项如下。

1. 工业机器人安全保护区域的范围

一般工业机器人工作站会配备有安全门或安全光栅等安全防护装置，这些装置为工业机器人工作站划定了一个安全保护区域，工业机器人在这个安全保护区域范围内进行作业，安全防护装置可以有效地保障操作人员的人身安全。工业机器人全速自动运行作业期间，操作人员需要位于安全保护区域范围外。

2. 静电放电危险

静电放电（ESD）是电势不同的两个物体间的静电传导，它可以通过直接接触传导，也可以通过感应电场传导。搬运部件或部件容器时，未接地的人员可能会传导大量的静电荷，这一放电过程可能会损坏灵敏的电子设备。在检修控制柜内部电气元件的时候需要佩戴静电手环，消除人体静电，以防止对工业机器人电气元件的损坏。

3. 与工业机器人保持足够的安全距离

在调试与运行工业机器人程序时，工业机器人可能会执行一些意外的或不规则的运动轨迹，有可能会严重伤害到操作人员或损坏工业机器人工作范围内的任何设备，因此需要时刻警惕，并与工业机器人保持足够的安全距离。

4. 手动模式下的安全注意事项

工业机器人的运行模式有两种，分别为手动模式和自动模式。部分工业机器人的手动模式又细分为手动减速模式和手动全速模式。

在手动减速模式下，工业机器人只能以250mm/s或更慢的速度移动。当操作人员位于安全保护空间之内操作工业机器人时，应始终以手动速度进行操作。

在手动全速模式下，工业机器人以程序预设速度移动。手动全速模式应仅用于所有人员都处于安全保护空间之外时，而且操作人员必须经过特殊训练，熟知潜在的危险。

5. 工作中的安全注意事项

① 确保操作人员在接近工业机器人之前，旋转或运动的工具（例如切削工具和锯等）已经停止运动。

② 工业机器人电动机长期运转后温度很高，需要注意工件和工业机器人系统的高温表面，避免触碰时发生灼伤的情况。

③ 注意夹具并确保夹好工件。如果夹具打开，工件会脱落并导致人员伤害或设备损坏。夹具非常有力，如果不按照正确方法操作，也会导致人员伤害。

④ 注意液压、气压系统以及带电部件。即使断电，这些电路上的残余电量也很危险。

6. 开关机的安全注意事项

工业机器人系统开机前需要检查控制柜及工业机器人本体的电缆、气管有无破损，接线是否有松动。工业机器人系统关机时需要使工业机器人恢复到合适的安全姿态，末端工具上不应滞留物体，如后续不再使用末端工具，应将末端工具及时卸下；关机时需要按照说明手册或实训指导手册中正确的操作步骤关闭工业机器人系统。

【任务小结】

1. 认识安全色。安全色是表达安全信息的颜色，表示禁止、警告、指令、提示等意义，有红、黄、蓝、绿四种颜色。

2. 认识安全标志。安全标志是由安全色、几何图形和图形符号所构成的用以表达特定的安全信息的标记。安全标志分禁止标志、警告标志、指令标志和提示标志四种。

3. 遵守工业机器人安全标志提示。与人身安全相关的常见安全标志有：危险、警告、电击、小心、静电放电（ESD）、注意、提示。工业机器人常见安全标志有：禁止、禁入危险、叶轮危险、螺旋危险、旋转轴危险、卷入危险、当心伤手、夹点危险、加注机油、加注润滑油、加注润滑脂、禁止拆卸、禁止踩踏、高温、转动危险。

4. 掌握工业机器人应急安全操作。熟练使用紧急停止按钮、制动闸释放按钮、使能器按钮等功能，能使用二氧化碳灭火器进行灭火。

5. 掌握基本的应急对策。

6. 掌握工业机器人本体的安全注意事项。

班级：＿＿＿＿＿＿学号：＿＿＿＿＿＿姓名：＿＿＿＿＿＿日期：＿＿＿＿＿＿

【任务测评】

在线测试

一、填空题

1. 在手动减速模式下，工业机器人只能以＿＿＿＿＿＿或更慢的速度移动。

2. 当发生紧急情况，例如有操作人员受困于工业机器人手臂之中时，可通过＿＿＿＿＿＿按钮手动释放工业机器人轴上的制动闸来解救受困人员。

3. 当发生危险情况时，人会本能地将使能装置＿＿＿＿＿＿，此时工业机器人就会马上停止，保证了操作人员的人身安全。

4. 安全标志分为禁止标志、警告标志、＿＿＿＿＿＿和提示标志。

5. 在检修控制柜内部电气元件的时候需要＿＿＿＿＿＿＿＿，消除人体静电，以防止对工业机器人电气元件的损坏。

二、选择题

1. 以下（　　）是“制动闸释放按钮”的含义。

A. 可能造成人员挤压伤害风险

B. 对于大型工业机器人，点击对应关节轴的制动闸释放按钮，对应的电机抱闸会打开

C. 起到定位作用或限位作用

D. 一个紧固件，其主要作用是起吊工业机器人

2. 以下（　　）是“禁止踩踏”安全标志。

A. 

B. 

C. 

D. 

3. 出现（　　）情况时，需要立即按下任意位置上的紧急停止按钮。

A. 工业机器人运行到奇异点姿态

B. 工业机器人处于运行状态，工作区域外有工作人员观看时

C. 工业机器人与周边设备发生碰撞或者伤害操作人员时

D. 工业机器人开始运行中断程序时

4. 英文缩写 ESD 的含义是（　　）。

A. 紧急停止按钮　　B. 静电放电　　C. 禁止触摸　　D. 安全区域

5. 一般工业机器人工作站会配备有（　　）等安全防护装置。

A. 安全门、安全光栅　　B. 电源、电磁阀

C. 安全光栅、接近开关　　D. 安全门、防风罩

三、判断题

1. 只有当前作业运行完毕，紧急停止按钮才能发挥效用。（　　）

2. 工业机器人系统发生火灾，应当用水灭火。（　　）

3.  表示应当定期注入润滑油。（　　）

4. 工业机器人全速自动运行期间，操作人员可以位于安全保护区域范围内。（　　）

5. 在手动减速模式下，工业机器人可以以 50mm/s 的速度移动。（　　）

四、操作题

根据工业生产环境中常见的安全标志及所掌握的标志含义，用文字填写表 1-4 中相应安全标志的含义和颜色。

表 1-4　与工业机器人使用安全相关的安全标志

安全标志	含义	颜色

项目二 工业机器人安装

【知识与能力目标】

1. 会正确使用各种拆装工具。
2. 能安装工业机器人本体到工作站指定位置。
3. 能认识工业机器人控制柜上各个电缆接口。
4. 能通过电缆连接工业机器人控制柜和本体。
5. 能连接示教器与工业机器人控制柜。
6. 能安装工业机器人末端工具。
7. 能给工作站通电并测试工业机器人系统安装的正确性。
8. 能正确检查气路并调试。

【思政与职业素养目标】

1. 培养学生持续学习的能力和吃苦耐劳的精神，拓宽学生职业发展能力。
2. 使学生具备团结合作的精神和科学严谨的学习态度。
3. 使学生具备一定的责任意识和积极的工作态度。
4. 培养学生一丝不苟的工作作风。

【项目概述】

本项目就工业机器人维护岗位的职责，结合企业实际生产中工业机器人本体、控制柜、末端工具安装的工作内容，对工业机器人本体、控制柜和末端工具的安装进行了详细的讲解。通过设置丰富的实训任务，可以使读者进一步了解工业机器人安装的方法。

工业机器人安装项目拆分如下。

任务一　工业机器人的认知和安装

【任务描述】

在进行工业机器人本体和控制柜的拆装之前，需要先了解并认识机械拆装过程中的机械拆装工具和测量工具的功能及使用方法，然后根据工业机器人本体、控制柜的实际情况，选用合适的拆装工具和标准件，进而完成本体与底板的拆卸与安装。

【任务目标】

1. 认识工业机器人及其系统。
2. 能拆卸和安装工业机器人底板。
3. 能拆卸和安装工业机器人本体。
4. 培养学生持续学习的能力和吃苦耐劳的精神。

【任务准备】

一、工业机器人及系统概述

1. 工业机器人

工业机器人是面向工业领域的多关节机械手或多自由度的机器装置，它能自动执行工作，是靠自身动力和控制能力来实现各种功能的一种机器。工业机器人可以接受人类指挥，也可以按照预先编排的程序运行。

2. 工业机器人系统

工业机器人系统是由机器人和作业对象及环境共同构成的，其中包括机械系统、驱动系统、控制系统和感知系统四大部分。

① 机械系统包括机身、臂部、手腕、末端操作器和行走机构等部分，每一

部分都有若干自由度，从而构成了一个多自由度的机械系统。

② 驱动系统主要是指驱动机械系统动作的装置。根据驱动源的不同，驱动系统可分为电气、液压和气压三种以及把它们结合起来应用的综合系统。

③ 控制系统的任务是根据机器人的作业指令程序及从传感器反馈回来的信号控制机器人的执行机构，使其完成规定的运动和功能。

④ 感知系统由内部传感器和外部传感器组成，其作用是获取机器人内部和外部环境信息，并把这些信息反馈给控制系统。

二、工业机器人安装注意事项

① 工业机器人本体常规检查要求操作人员具有一定的专业知识和熟练的操作技能，并且需要进行现场近距离操作，因而具有一定的危险性，所以必须穿戴好安全防护装备。

② 关闭机器人的所有电力、液压和气压供给。

③ IRB 120 工业机器人的质量为 25kg，必须使用相应的起吊附件。

【任务实施】

一、实施前检查

① 工作服、安全鞋、安全帽。

② 工业机器人（本体、控制柜、示教器、底板）。

③ 内六角扳手、卷尺、剪刀、气管、干净的擦机布。

二、工业机器人底板的拆卸和安装

1. 工业机器人底板的拆卸

工业机器人底板的拆卸步骤见表 2-1。

表 2-1　工业机器人底板的拆卸步骤

序号	操作步骤	图示
1	在断电断气的情况下，拆掉连接到工业机器人的电缆和气源管	

续表

序号	操作步骤	图示
2	以对角的顺序拆掉固定工业机器人的四颗螺栓	
3	起吊并搬走工业机器人本体	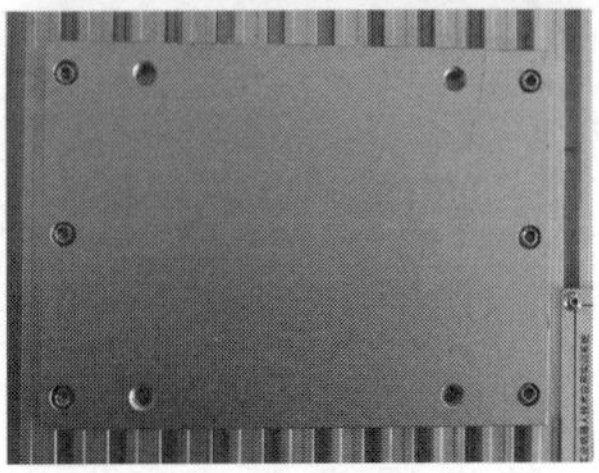
4	拆除固定工业机器人底板的六颗螺栓，取下底板	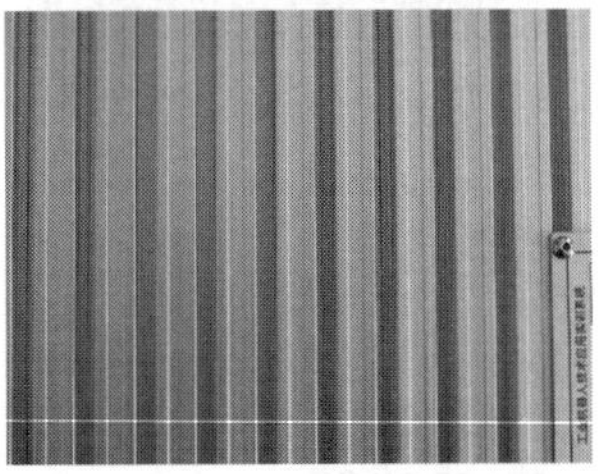

2. 工业机器人底板的安装

工业机器人底板的安装步骤见表 2-2。

表 2-2　工业机器人底板的安装步骤

序号	操作步骤	图示
1	准备工业机器人安装底板，确认工业机器人底板安装尺寸 180mm×245mm	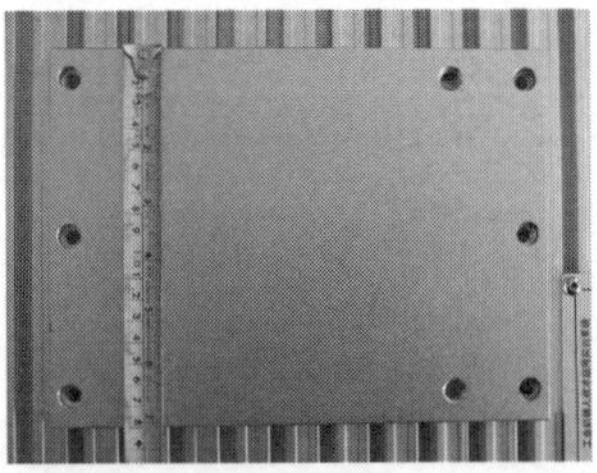
2	使用卷尺测量工业机器人底板的安装位置并在工作台面上做好相应记号	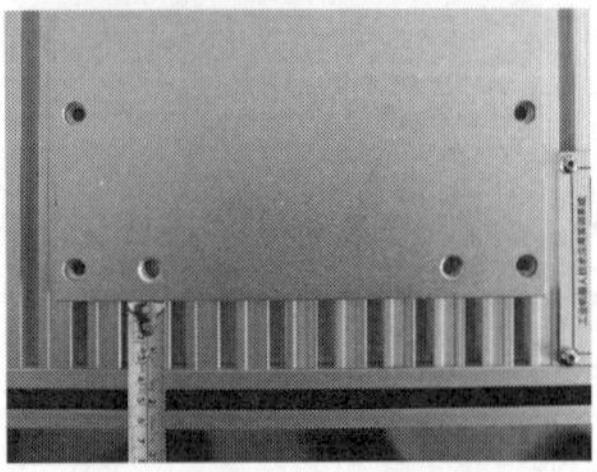

续表

序号	操作步骤	图示
3	将六颗 M5 内六角螺栓和 T 形螺母先装到底板的固定孔位上	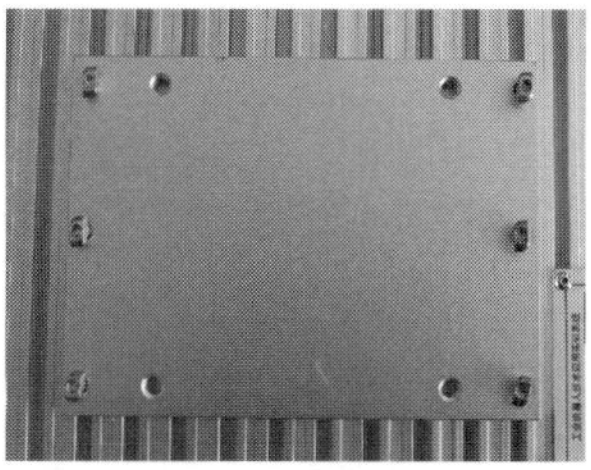
4	将底板放置到需要安装的位置上，要求 T 形螺母安装到 T 形槽内	
5	使用 4mm 的内六角扳手对角锁紧底板上的螺栓，要求每颗螺栓受力均衡	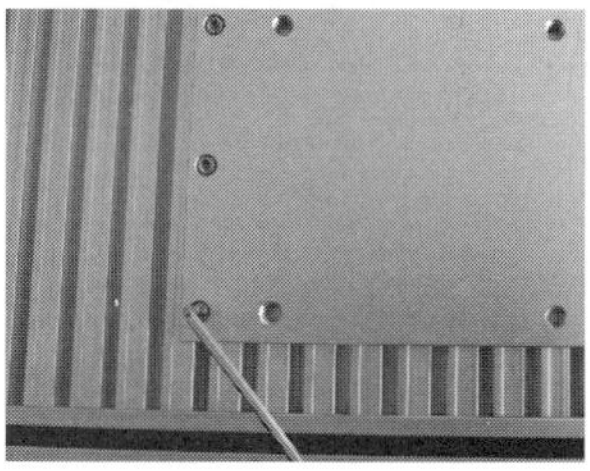

三、工业机器人本体的安装

1. 工业机器人本体安装

工业机器人本体的安装步骤见表 2-3。

表 2-3　工业机器人本体的安装步骤

序号	操作步骤	图示
1	将工业机器人搬运到需要安装的底板上，对齐工业机器人底座安装孔位和底板孔位	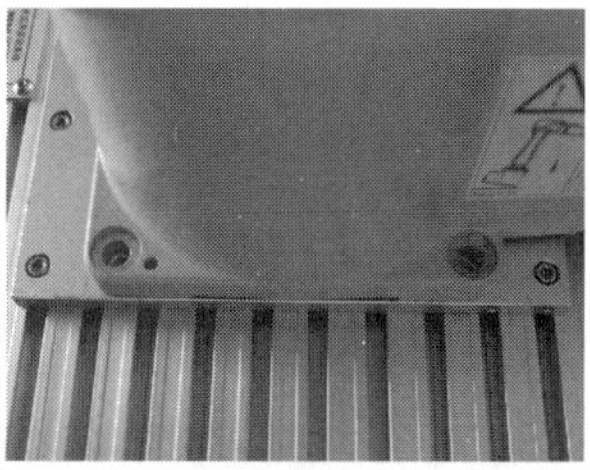
2	将四套内六角螺栓、弹簧垫片、平垫片用手先安装到工业机器人底座上，然后用 6mm 的内六角扳手将四颗 M10×25mm 的螺栓锁死	

2. 工业机器人工作台清洁

① 收拾使用的安装工具。

② 清理工作台多余的材料和附件。

③ 用擦机布清洁工业机器人工作台。

【任务小结】

1. 工业机器人是面向工业领域的多关节机械手或多自由度的机器装置，它能自动执行工作，是靠自身动力和控制能力来实现各种功能的一种机器。

2. 工业机器人系统是由机器人和作业对象及环境共同构成的，其中包括机械系统、驱动系统、控制系统和感知系统四大部分。

3. 工业机器人底板拆卸：①断开工业机器人本体的电缆和气源管；②以对角顺序拆掉工业机器人底座螺栓；③起吊并搬走工业机器人；④拆除固定底板的螺栓。

4. 工业机器人底板安装：①确认底板尺寸；②确认底板固定位置；③选用正确尺寸的内六角螺栓和 T 形螺母；④固定底板。

5. 工业机器人本体安装：①起吊搬运工业机器人本体到底座上；②以对角顺序将机器人底座与底板拧紧。

6. 工业机器人工作台清洁：①收拾安装工具；②清除多余材料；③清洁工业机器人工作台。

学习笔记：

班级：__________ 学号：__________ 姓名：__________ 日期：__________

【任务测评】

在线测试

一、填空题

1. 工业机器人系统一般由四个部分组成，分别是控制系统、感知系统、机械系统和__________。

2. 机械系统包括机身、臂部、__________、末端操作器和行走机构等部分，每一部分都有若干自由度，从而构成一个多自由度的机械系统。

3. 安装工业机器人底座选用__________规格螺栓。

4. 安装工业机器人底板选用__________规格螺栓。

5. 工业机器人底板尺寸为__________。

二、选择题

1. 以下（　　）不是工业机器人系统拆卸时需要用到的工具。

A. 美工刀　　B. 活动扳手

C. 万用表　　D. 一字螺丝刀

2. （　　）主要用于拆装使用一字螺栓和十字螺栓的小型电气部件。

A. 带球头的 T 形内六角扳手

B. 橡胶锤

C. 小型螺丝刀套装

D. 斜口钳

3. （　　）用于拆装内六角螺栓。

A. 带球头的 T 形内六角扳手

B. 橡胶锤

C. 小型螺丝刀套装

D. 斜口钳

4. 工业机器人系统不包括（　　）。

A. 控制系统　　B. 感知系统

C. 驱动系统　　D. 电源系统

5. 使用（　　）柔和地敲击工业机器人本体，可以不损伤工业机器人表面油漆。

A. 美工刀　　B. 橡胶锤

C. 活动扳手　　D. 万用表

三、判断题

1. 电源系统为工业机器人系统的一部分。 （ ）
2. 使用橡胶锤可以柔和地敲击工件，尽可能地不损伤工件的油漆层。 （ ）
3. 斜口钳可以用于撬动工业机器人底座。 （ ）
4. 可以用任何顺序拧紧工业机器人底座的螺栓。 （ ）
5. 内六角螺栓可以用十字螺丝刀拧紧。 （ ）

四、操作题

1. 拆卸工业机器人本体。操作完成后，写出操作步骤。

2. 安装工业机器人底板。操作完成后，写出操作步骤。

3. 安装工业机器人本体。操作完成后，写出操作步骤。

任务二　工业机器人控制柜的安装

【任务描述】

在完成工业机器人本体安装后，需要对工业机器人控制柜进行安装及线路连接。在认识了工业机器人控制柜的内部和组成后，根据工作站布局图及电气原理图完成工业机器人控制柜的安装与线路连接。

【任务目标】

1. 认识工业机器人控制柜。
2. 能连接工业机器人控制柜线缆。
3. 能启动工业机器人工作站。
4. 培养学生的责任意识和积极的工作态度。

【任务准备】

一、工业机器人控制柜概述

1. IRC5 紧凑型控制柜结构

ABB机器人的控制系统称为IRC5系统，IRC5紧凑型控制柜如图2-1所示，其内部结构包括主计算机、电源转换模块、电源分配模块、驱动模块、轴计算机、I/O信号板、接触器单元、背部风扇等。

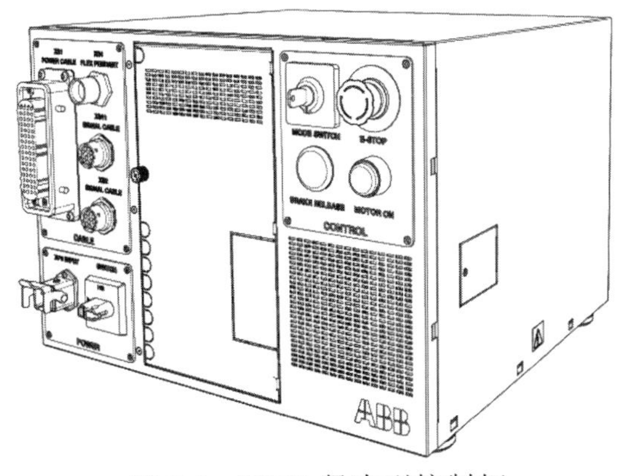

图 2-1　IRC5 紧凑型控制柜

2. IRC5 紧凑型控制柜开关和按钮

IRC5 紧凑型控制柜面板如图 2-2 所示。IRC5 紧凑型控制柜开关和按钮包括电源开关、松抱闸按钮、模式切换旋钮、电机开启按钮、紧急停止按钮。

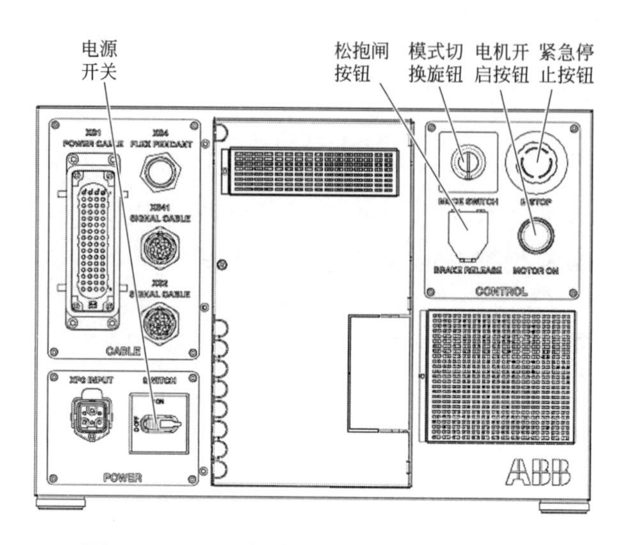

图 2-2 IRC5 紧凑型控制柜开关和按钮

3. IRC5 紧凑型控制柜面板接口

IRC5 紧凑型控制柜接口如图 2-3 所示。IRC5 紧凑型控制柜接口包括示教器电缆接口、机器人本体动力电缆接口、外接关节轴 SMB 电缆接口、机器人关节轴 SMB 电缆接口、电源线接口。

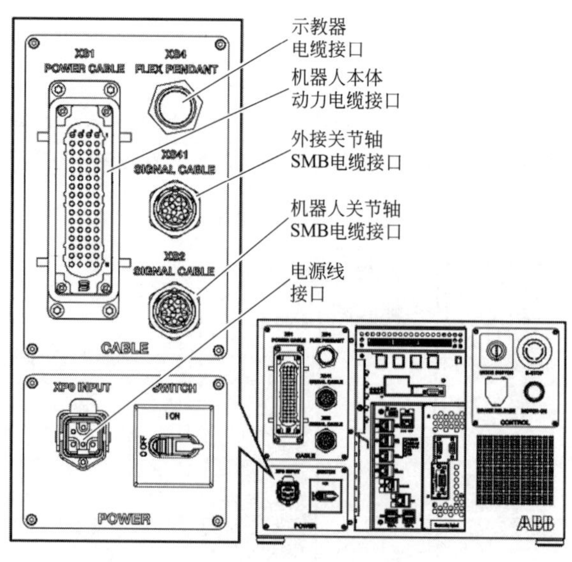

图 2-3 IRC5 紧凑型控制柜接口

二、工业机器人控制柜安装注意事项

① 工业机器人控制柜的安装要求操作人员具有一定的专业知识和熟练的操作技能，并且需要进行现场近距离操作，因而具有一定的危险性，所以必须穿戴好安全防护装备。

② 安装工业机器人控制柜前，关闭机器人的所有电力、液压和气压供给。

③ 工业机器人控制柜较重，需要多人协同作业，必要时使用辅助起吊附件。

【任务实施】

一、实施前检查

① 工作服、安全鞋、安全帽。

② 工业机器人（本体、控制柜、示教器）。

③ 内六角扳手、斜口钳、一字螺丝刀、干净的擦机布。

二、工业机器人控制柜线缆连接

1. 电源电缆连接

工业机器人控制柜电源电缆连接步骤见表 2-4。

表 2-4　工业机器人控制柜电源电缆连接步骤

序号	操作步骤	图示
1	根据 IRB 120 工业机器人供电要求，电源交流电压 220V，最大功率 0.55kW，选用 3 × 1.5mm^2 电缆线制作控制柜电源线	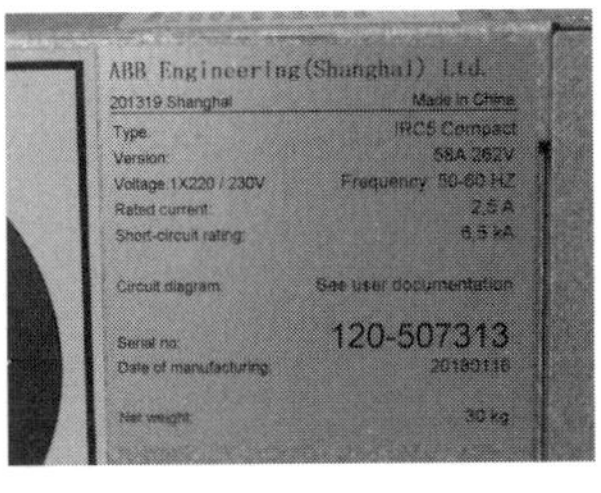
2	正确连接电源插头。 备注：要镀锡后插入接头	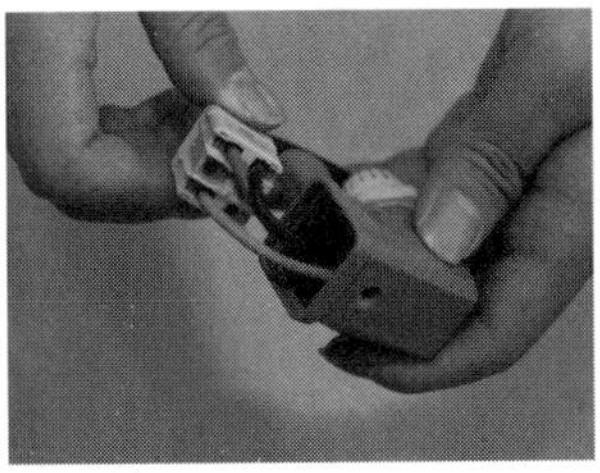
3	将制作好的电源线插入控制柜 XP0 端口并锁紧	

2. SMB 电缆连接

工业机器人控制柜 SMB 电缆连接步骤见表 2-5。

表 2-5 工业机器人控制柜 SMB 电缆连接步骤

序号	操作步骤	图示	序号	操作步骤	图示
1	将 SMB 电缆一端与机器人控制柜 XS2 接口对齐并插入； 将 XS2 上的接头顺时针锁紧	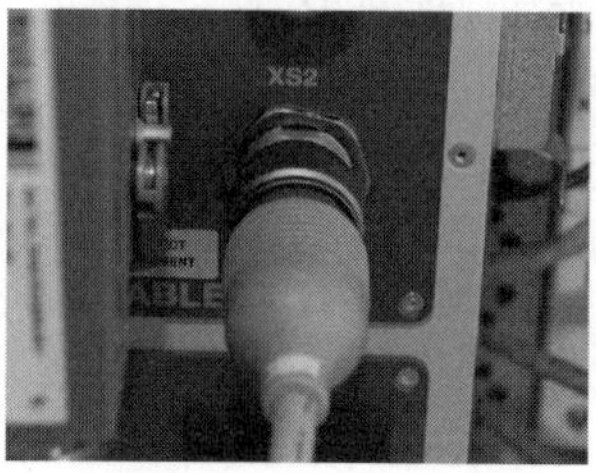	2	将 SMB 电缆另一端与机器人本体上的插座对齐插入，并顺时针锁紧插头	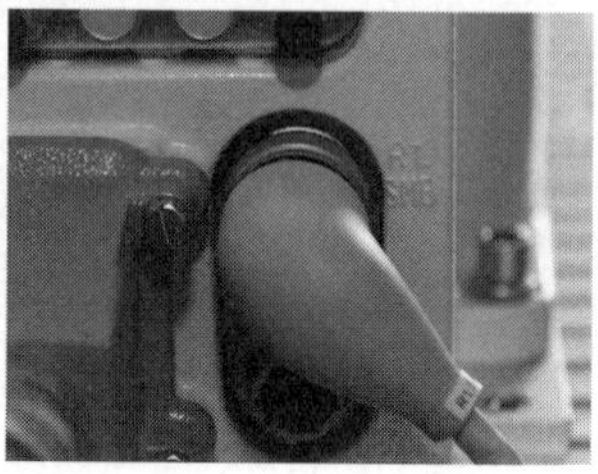

3. 动力电缆连接

工业机器人控制柜动力电缆连接步骤见表 2-6。

表 2-6 工业机器人控制柜动力电缆连接步骤

序号	操作步骤	图示	序号	操作步骤	图示
1	将控制柜安置到合适的位置，两侧和背面均留出部分空间		3	将动力电缆另一端插头接入工业机器人本体插座的对应接口，注意插针与插孔对齐； 使用一字螺丝刀对角锁紧 XP1 插头螺栓，使四颗螺栓都受力平衡	
2	将动力电缆线（XP1）插头对准控制柜 XS1 接口并插入； 将接口上下两个操作机构锁紧到位	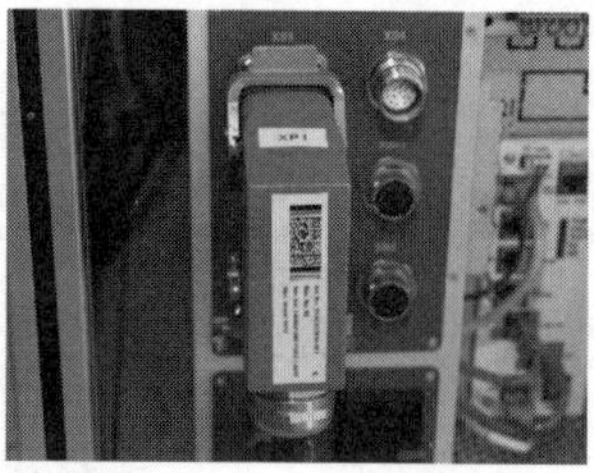			

4. 示教器电缆连接

工业机器人示教器电缆连接步骤如表 2-7 所示。

表 2-7　工业机器人示教器电缆连接步骤

序号	操作步骤	图示	序号	操作步骤	图示
1	检查示教器插头连接方向		3	将示教器的支架放在合适的位置	
2	将插头按照正确的方向插入 XS4 接口并拧紧		4	将示教器放到支架上并夹紧	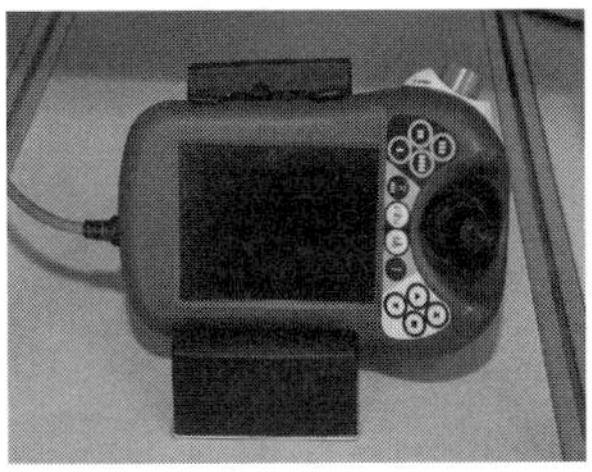

三、工业机器人工作站开机

1. 工业机器人工作站检查

工业机器人工作站检查包括现场安装工具放置归位、工作站清洁、工业机器人安装完整并满足规范要求。

2. 工业机器人工作站通电

工业机器人工作站开机步骤如表 2-8 所示。

表 2-8　工业机器人工作站开机步骤

序号	操作步骤	图示	序号	操作步骤	图示
1	打开总电源空气开关	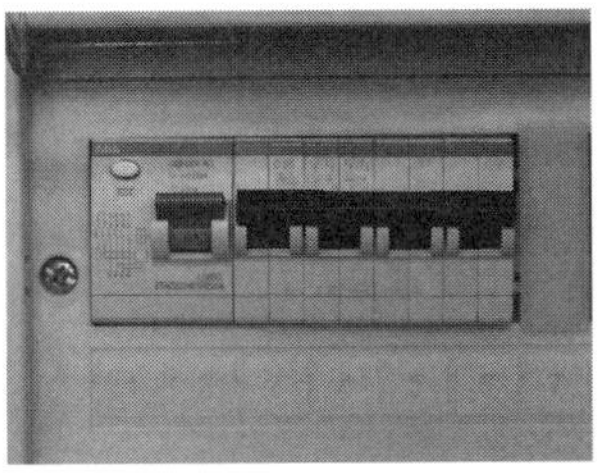	2	将工作站开关旋钮由“0”扭至“1”	

续表

序号	操作步骤	图示	序号	操作步骤	图示
3	将ABB机器人控制柜电源开关由OFF扭至ON		4	机器人开启，等待片刻观察示教器，出现开机画面，开机成功	

【任务小结】

1．工业机器人IRC5紧凑型控制柜的认识：

① IRC5紧凑型控制柜的组成部件；

② IRC5紧凑型控制柜的开关和按钮；

③ IRC5紧凑型控制柜面板的接口。

2．工业机器人控制柜电缆的连接：

① 动力电缆的连接；

② SMB电缆的连接；

③ 电源电缆的连接；

④ 示教器电缆的连接。

3．工业机器人工作站开机：

① 打开总电源空气开关；

② 工作站开关旋钮由“0”扭至“1”；

③ 将工业机器人控制柜上旋钮由OFF扭至ON；

④ 观察示教器，出现开机画面，工业机器人工作站开启。

学习笔记：

班级：________ 学号：________ 姓名：________ 日期：________

【任务测评】

在线测试

一、填空题

1. 工业机器人控制柜上____________按钮按下后，机器人紧急停止。

2. 工业机器人控制柜上____________按钮按下后，可以手动搬动机器人关节轴。

3. 工业机器人控制柜上________电缆用于给机器人本体供电。

4. 工业机器人控制柜上机器人关节轴____接口用于和机器人关节轴通信。

5. 工业机器人动力电缆连接是将动力电缆线（XP1）插头对准控制柜________接口并插入。

二、选择题

1. 如果需要手动扳动机器人关节轴，需要按下控制柜上（　　）。

A. 紧急停止按钮

B. 电源开关

C. 松抱闸按钮

D. 模式切换旋钮

2. （　　）用于工业机器人的手/自动状态。

A. 紧急停止按钮　　B. 电源开关

C. 松抱闸按钮　　D. 模式切换旋钮

3. （　　）用于启动工业机器人。

A. 紧急停止按钮　　B. 电源开关

C. 松抱闸按钮　　D. 模式切换旋钮

4. 一旦发生紧急情况，可以按下控制柜上（　　），使工业机器人紧急停止。

A. 紧急停止按钮

B. 电源开关

C. 松抱闸按钮

D. 模式切换旋钮

5. 按下（　　）可以使工业机器人电机通电。

A. 紧急停止按钮　　B. 电源开关

C. 松抱闸按钮　　D. 电机开启按钮

三、判断题

1. 动力电缆和电源线安装没有先后顺序。 ( )
2. 先安装动力电缆再安装电源线。 ( )
3. 先安装电源线再安装动力电缆。 ( )
4. 通过钥匙选择切换工业机器人运行模式。 ( )
5. 安装 SMB 电缆时无需关心角度。 ( )

四、操作题

1. 拆卸后查看动力电缆线插头，并安装动力电缆。操作完成后，写出安装动力电缆的操作步骤。

2. 拆卸后查看工业机器人关节轴 SMB 电缆，并安装 SMB 电缆。操作完成后，写出安装 SMB 电缆的操作步骤。

3. 断电后拆卸工业机器人电源线，查看正常后，安装电源线。操作完成后，写出安装电源线的操作步骤。

任务三 工业机器人末端工具的安装

【任务描述】

请根据提供的工业机器人末端工具，选择合适的安装工具，完成对工业机器人末端工具的安装。工业机器人末端工具可以选用法兰型工具快换装置或夹爪型工具快换装置对应配套自动安装的末端工具，先安装工具快换装置，然后连接相应的气源管，最终使法兰型工具快换装置与工具能正常锁定和释放，或夹爪工具快换装置与工具能正常夹紧和松开。

【任务目标】

1. 能对法兰型末端工具进行拆装。
2. 能对夹爪型末端工具装置进行拆装。
3. 使学生养成科学、严谨、细致的态度。

【任务准备】

一、安装工艺要求

① 末端工具安装要求：机械安装需选择合适的工具，按提供模块零件完成单元装配，安装完毕后机械单元部分应没有晃动和松动。法兰型工具快换装置安装到工业机器人轴 6 法兰盘上，要求工具快换装置法兰端和工业机器人轴 6 法兰盘的销钉孔对齐，螺钉紧固。

② 气源管绑扎要求：电缆与气源管分开绑扎，第一根绑扎带距离接头处(60±5)mm，其余两个绑扎带之间的距离不超过（50±5)mm，绑扎带切割不能留余太长，必须小于 1mm，美观安全。气路捆扎不影响工业机器人正常动作，不会与周边设备发生刮擦勾连。

③ 气源管布管要求：电缆和气源管分开走线槽，气源管在型材支架上可用线夹子绑扎带固定，两个线夹子之间的距离不超过 120mm。走线槽的气源管长度应合适，不能出现折弯缠绕和绑扎变形现象，不允许出现漏气现象。

二、工业机器人末端工具安装注意事项

① 工业机器人末端工具安装和气源管连接，要求操作人员现场近距离操

作，因而具有一定的危险性，所以要求操作人员必须穿戴好安全防护装备，并且需要具有一定的专业知识和熟练的操作技能。

② 关闭机器人的所有电力、液压和气压供给。

③ 工具快换装置的气路连接，应使工具快换装置法兰端与工具端正常锁定和释放，并实现对夹爪工具和吸盘工具的动作控制。正压气路用蓝色气源管，负压气路用透明气源管。

④ 气路压力应该调整到0.4～0.6MPa，可通过打开过滤器末端开关来测试气路连接的正确性。

【任务实施】

一、实施前检查

① 工作服、安全鞋、安全帽。

② 工业机器人（本体、控制柜、示教器）、快换工具、夹爪型末端工具。

③ 剪刀、气管、干净的擦机布。

二、法兰型末端工具的拆装

1. 法兰型末端工具快换夹具的拆装

法兰型末端工具包括法兰型工具快换装置和末端执行器，法兰型工具快换装置直接安装在工业机器人轴6法兰盘上，末端执行器通过气动控制可实现自动安装。法兰型末端工具快换夹具的拆装操作步骤见表2-9。

表 2-9 快换夹具的拆装操作步骤

序号	操作步骤	图示	序号	操作步骤	图示
1	将工业机器人手臂调整到方便拆装的位置，将工业机器人断电、断气		3	对角拆下四颗固定法兰盘的螺钉	
2	拆卸快换夹具上的7根气管：蓝色2根(C,U)，蓝色2根(3,4)，白色2根(5,6)，白色1根(2)		4	取下法兰快换夹具	

续表

序号	操作步骤	图示	序号	操作步骤	图示
5	准备安装需要的快换夹具与螺钉	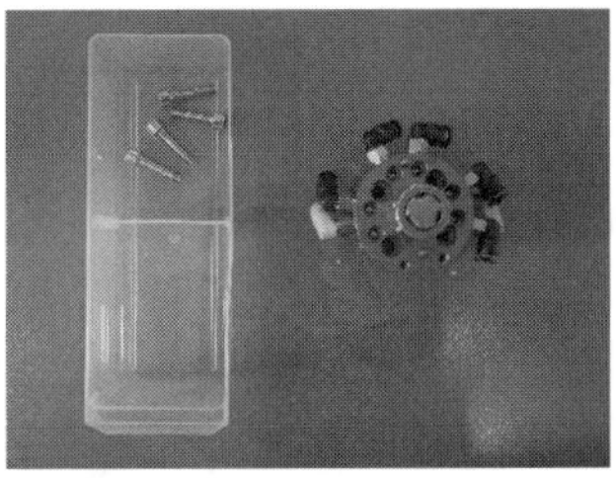	6	将快换夹具上的孔与机器人法兰上的销对准装入，安装四颗螺钉，并对角锁紧	

2. 法兰型工具快换装置上气源管的安装

法兰型工具快换装置上气源管的安装操作步骤见表2-10。

表2-10　法兰型工具快换装置上气源管的安装操作步骤

序号	操作步骤	图示	序号	操作步骤	图示
1	取四根气源管（蓝色）插入机器人气源输出的1、2、3、4口	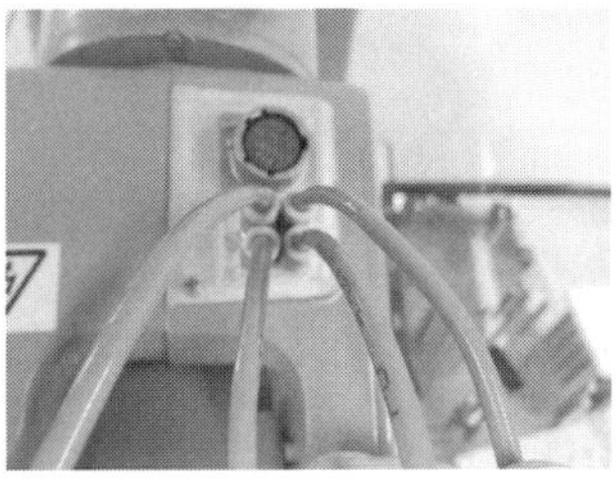	4	将三根负压管（白色）的另一端分别插入快换夹具 大吸盘→2、5 小吸盘→6	
2	将四根气源管（蓝色）的另一端分别插入快换夹具输入端 1→C 2→U 3→3 4→4	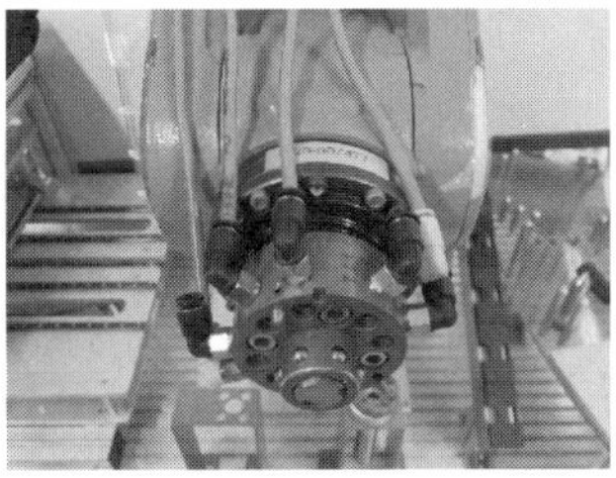	5	完成后用扎带捆扎气源管	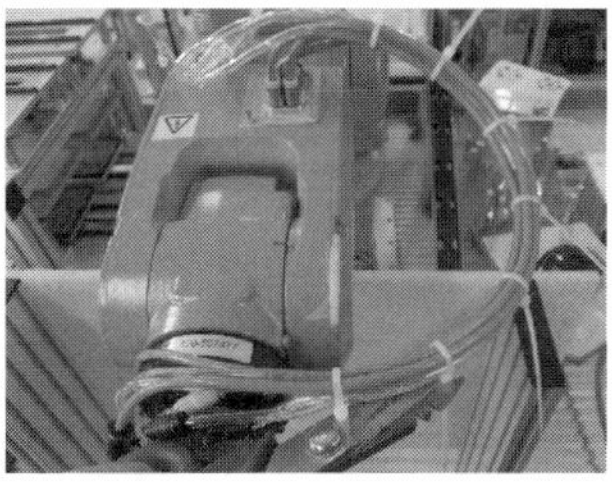
3	将三根负压管（白色）的一端分别插入大吸盘（两根）和小吸盘（一根）	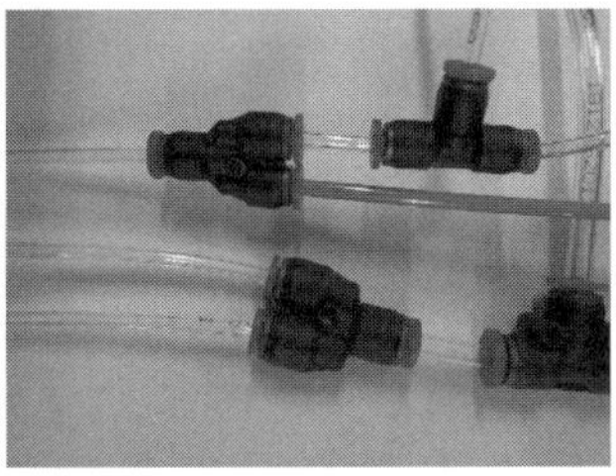	6	剪去扎带多余部分	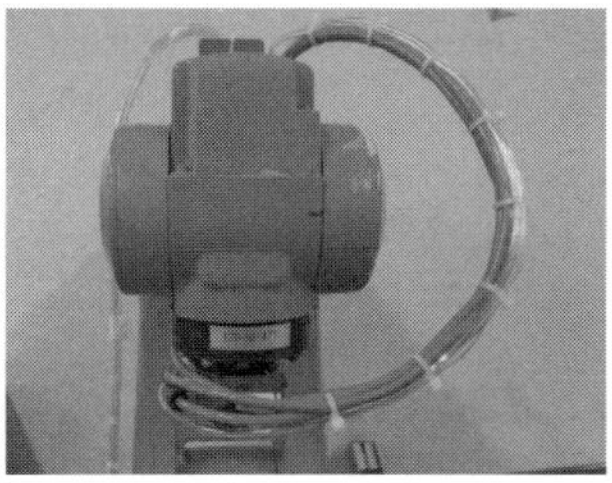

三、夹爪型末端工具的拆装

1. 夹爪型工具快换装置的拆装

夹爪型末端工具包括夹爪型工具快换装置和末端执行器，夹爪型工具快换装置直接安装在工业机器人轴 6 法兰盘上，末端执行器通过气动控制可实现自动安装。夹爪型工具快换装置的拆装操作步骤见表 2-11。

表 2-11 夹爪型工具快换装置的拆装操作步骤

序号	操作步骤	图示	序号	操作步骤	图示
1	在初始状态下，拆除气源管和夹爪快换模块	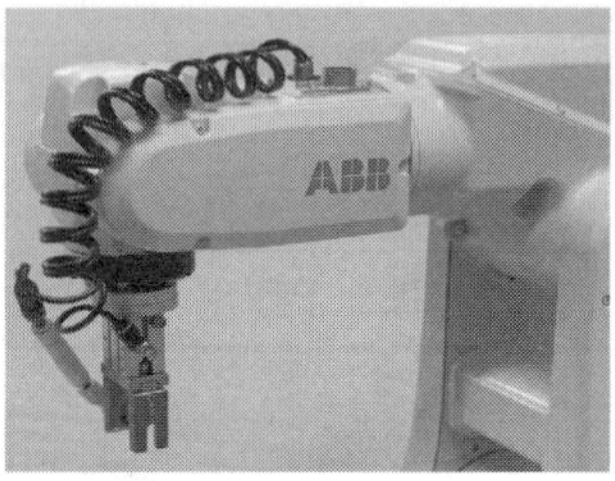	5	安装工业机器人工具快换装置底板并对角紧固	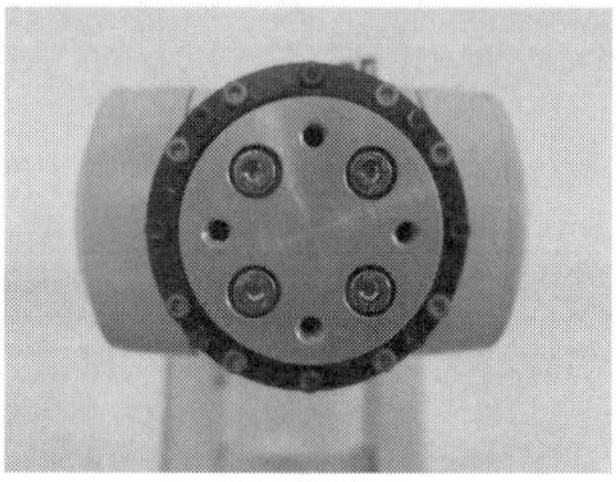
2	在机器人法兰盘上拆卸末端工具安装底板	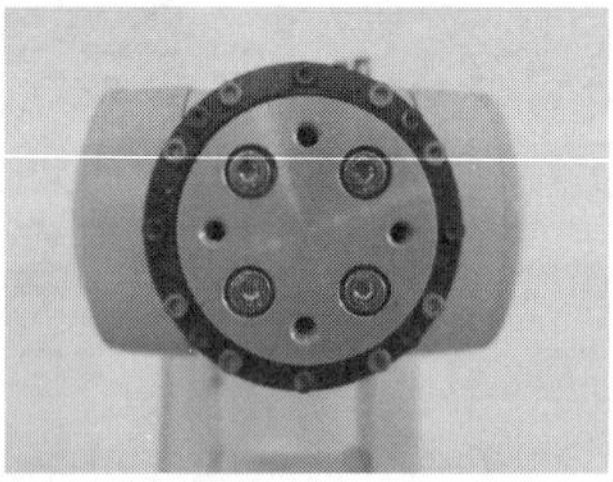	6	准备安装工业机器人工具快换装置安装材料	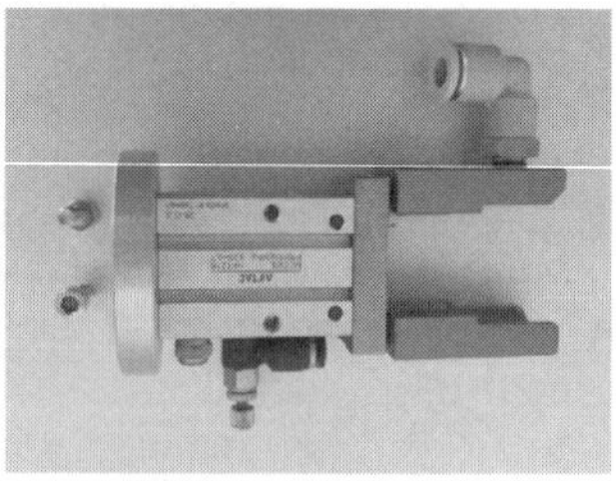
3	准备工业机器人末端工具及安装底板的安装材料	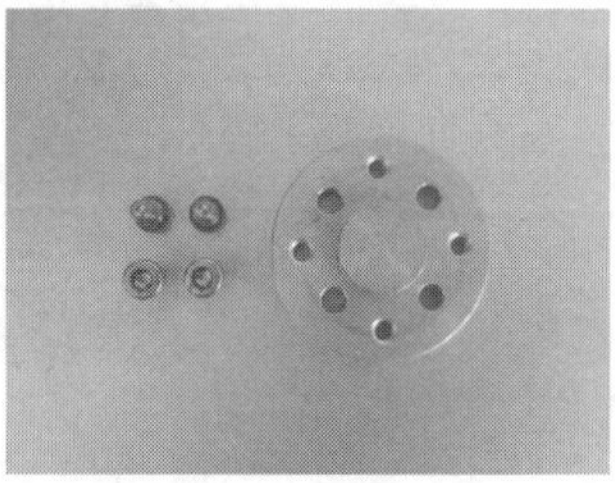	7	安装工业机器人工具快换装置并对角紧固	
4	调整工业机器人到方便安装的位置	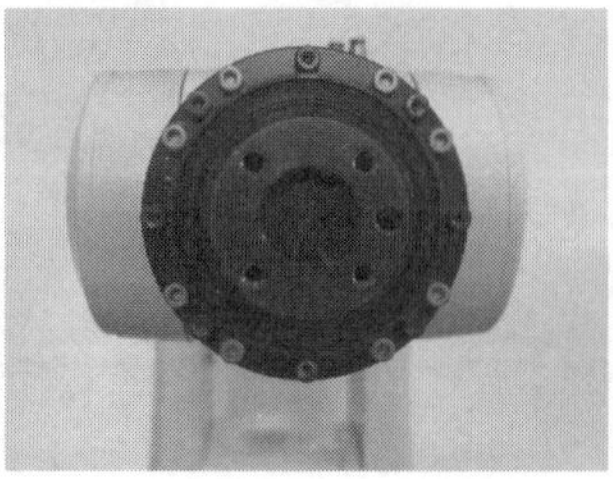			

2. 夹爪型工具快换装置上气源管的安装

夹爪型工具快换装置上气源管的安装操作步骤见表 2-12。

表 2-12 夹爪型末端快换装置上气源管的安装操作步骤

序号	操作步骤	图示	序号	操作步骤	图示
1	准备材料，包括气源管、剪刀或斜口钳	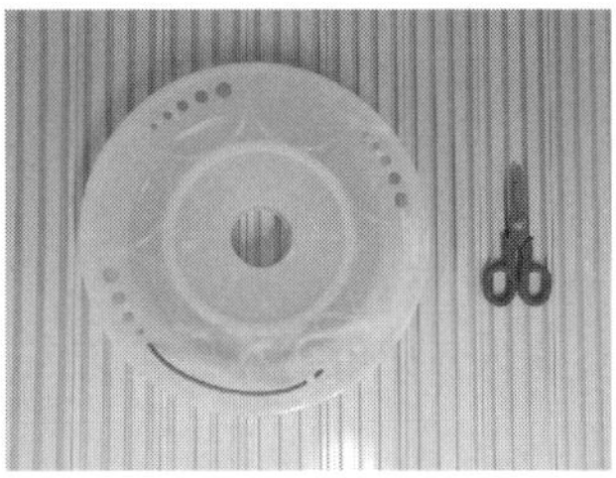	5	另一头分别接到机器人气源输入1、4端	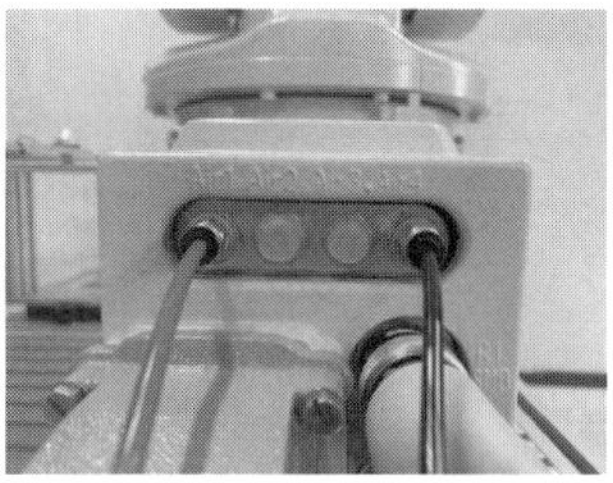
2	将气源管连接至减压阀入口		6	再剪两段合适长度的气源管，一头插入机器人输出端1、4号口	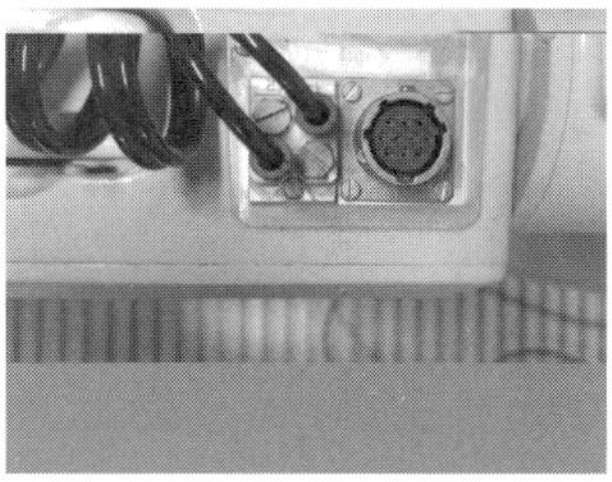
3	剪一段合适长度的气源管，连接减压阀出口到电磁阀组模块入口	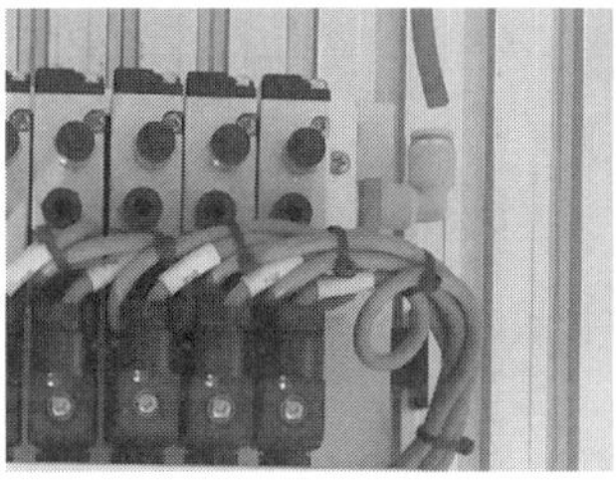	7	气源管1的另一头连接到机器人末端夹爪工具气源接口；气源管4的另一头连接到机器人末端吸盘工具气源接口	
4	剪两段合适长度的气源管，一头连接电磁阀1、4的输出端		8	清理气源管废料，整理工作台	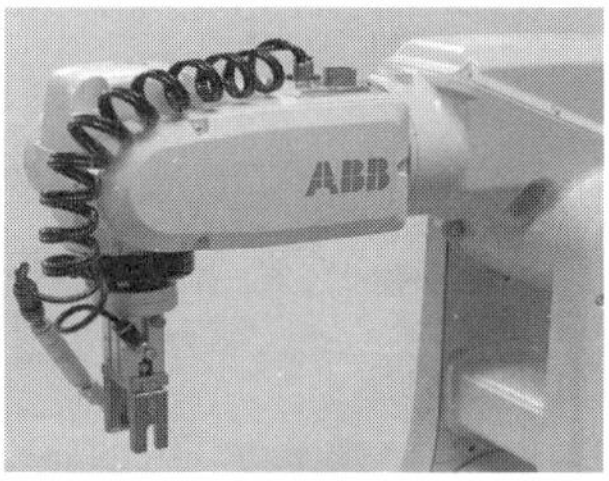

四、气路检查和调试

1. 气源管路检查

① 完成末端工具模块的气路连接后，检查气源管颜色，确保正压气路用蓝

色气源管，负压气路用透明气源管；

② 检查气源管连接，确保管路连接正确；

③ 检查气源管布局，确保气源管布局不会与周边设备发生刮擦勾连，气路捆扎不影响工业机器人正常动作；

④ 检查气源管固定，确保第一根绑扎带距离接头处(60±5)mm，其余两个绑扎带之间的距离不超过（50±5)mm，绑扎带切割不能留余太长，必须小于1mm。

2. 气源压力调整

将气路压力调整到0.4～0.6MPa，打开过滤器末端开关，测试气路连接的正确性。

3. 末端工具动作测试

① 法兰型末端工具测试包括法兰型工具快换装置和末端执行器的测试，通过手动操作电磁阀，可使法兰型工具快换装置与相应工具能正常锁定和释放，并实现对夹爪工具或吸盘工具的动作控制。

②夹爪型末端工具包括法夹爪工具快换装置和末端执行器的测试，通过手动操作电磁阀，可使夹爪型工具快换装置与相应工具能正常夹紧和松开，并实现对吸盘工具的动作控制。

【任务小结】

1. 安装工艺要求：①末端工具安装要求；②气源管绑扎要求；③气源管布管要求。

2. 法兰型末端工具的拆装：①法兰型工具快换装置的拆装；②法兰型工具快换装置上气源管的安装。

3. 夹爪型末端工具的拆装：①夹爪型工具快换装置的拆装；②夹爪型工具快换装置上气源管的安装。

4. 气路检测和调试：①气源管路检查；②气源压力调整；③末端工具动作测试。

学习笔记：

班级：__________ 学号：__________ 姓名：__________ 日期：__________

【任务测评】

在线测试

一、填空题

1. 安装工业机器人末端快换夹具需要__________工具。
2. 工业机器人末端快换夹具气路需要__________根气源管。
3. 工业机器人气源的压力应调整到__________MPa。
4. 捆扎气管时第一根扎带应距离末端工具__________mm。
5. 按要求剪去扎带多余部分时保留长度不能长于__________mm。

二、选择题

1. 连接工业机器人末端工具气路不需要的工具是（　　）。

A. 平口钳　B. 剪刀　C. 活动扳手　D. 内六角扳手

2. 工业机器人末端工具中的吸盘工具上有（　　）根气源管。

A. 1　B. 2　C. 3　D. 4

3. 工业机器人末端工具的气路连接中，负压气管应选用（　　）气源管。

A. 白色　B. 绿色　C. 蓝色　D. 黄色

4. 工业机器人末端工具需要（　　）颗螺钉锁紧。

A. 1　B. 2　C. 3　D. 4

5. 安装工业机器人末端工具时，工业机器人应在（　　）的位置。

A. 机械零点　B. 方便安装　C. HOME点　D. 随意

三、判断题

1. 气源管随意剪断后即可插入。（　　）
2. 紧固螺钉只需用蛮力拧死即可。（　　）
3. 工业机器人安装了末端工具时的可移动范围与未安装末端工具时的可移动范围一致。（　　）
4. 工业机器人末端工具中的涂胶工具只有一根气管连接。（　　）
5. 从压缩机出来的高压空气可以直接经过开关后接入电磁阀模块。（　　）

四、操作题

1. 完成法兰型末端工具拆装的操作，记录相应的操作结果于表2-13中。

表 2-13　法兰型末端工具拆装记录表

序号	操作要求	操作结果
1	选用内六角扳手规格	
2	拆卸螺钉的规格	
3	安装螺钉的紧固方式	
4	快换夹具与夹爪工具的对齐方式	
5	选用气源管的规格	
6	机器人手臂上气源输出端 1 连接到的位置	
7	机器人手臂上气源输出端 2 连接到的位置	
8	机器人手臂上气源输出端 3 连接到的位置	
9	机器人手臂上气源输出端 4 连接到的位置	

2. 完成夹爪型末端工具拆装的操作，记录相应的操作结果于表 2-14 中。

表 2-14　夹爪型末端工具拆装记录表

序号	操作要求	操作结果
1	选用内六角扳手的规格	
2	拆卸螺钉的规格	
3	安装螺钉的紧固方式	
4	选用气源管的规格	
5	机器人手臂上气源输出端 1 连接到的位置	
6	机器人手臂上气源输出端 4 连接到的位置	
7	测量夹爪型快换夹具的长度	

项目三 工业机器人示教器操作

【知识与能力目标】

1. 熟悉工业机器人示教器上各个按钮的作用。
2. 能够设置示教器的语言和时间。
3. 能规范使用工业机器人示教器。
4. 能够更新转数计数器。
5. 能对工业机器人进行单轴、线性和重定位运动模式测试。
6. 能标定工业机器人工具和工件坐标系。
7. 能查看工业机器人常用信息。

【思政与职业素养目标】

1. 鼓励学生灵活应用所学知识技能并积极开拓创新。
2. 培养学生良好的操作习惯和职业道德。
3. 培养学生精益求精和爱岗敬业的精神。
4. 树立学生对于职业的敬畏精神。

【项目概述】

本项目围绕工业机器人调试岗位的职责和企业实际生产中调试工业机器人的工作内容，对操作工业机器人的示教器的环境配置、运动模式和运行速度的调整、坐标系标定以及常用信息的查看进行了详细的讲解，并设置了丰富的实训内容，可以使读者通过实操进一步理解工业机器人的基本操作技能。

工业机器人示教器操作项目拆分如下。

工业机器人示教器操作

- 任务一　示教器操作环境配置
- 任务二　工业机器人单轴和线性运动操作
- 任务三　工业机器人坐标系标定及重定位运动操作
- 任务四　工业机器人运行状态检测

任务一　示教器操作环境配置

【任务描述】

在工业机器人工作站上，已完成工业机器人本体、控制柜以及末端工具的安装，并对工业机器人工作站进行了检查、送气和送电。为了方便对工业机器人的操作，要求设置工业机器人的系统语言与系统时间，并对工业机器人转数计数器进行更新。

【任务目标】

1. 正确使用示教器使能按钮和功能按钮。
2. 能将工业机器人系统语言设置为中文。
3. 能将工业机器人系统时间设置为当前时间。
4. 会更新工业机器人转数计数器。
5. 鼓励学生灵活应用所学知识技能并积极开拓创新。

【任务准备】

一、示教器的构成

示教器是主管应用工具软件与用户之间接口的装置，通过电缆与控制装置连接。示教器由液晶显示屏、LED、功能按键组成，除此以外，一般还会有模式切换开关、安全开关、紧急停止按钮等。

示教器是工业机器人的人机交互接口，通过示教器功能按键与液晶显示屏的配合使用，可以点动、示教工业机器人，编写、调试和运行工业机器人程序，设定、查看工业机器人的状态信息和位置，消除工业机器人报警信息及进行其他有关工业机器人功能的操作。

二、示教器配置注意事项

示教器配置的注意事项如下所述。

① 示教器配置要求操作人员具有一定的专业知识和熟练的操作技能，并且需要进行现场近距离操作，因而具有一定的危险性，所以必须穿戴好安全防护装备。

② 示教器配置可以方便操作人员根据自己熟悉的语言进行基础设置。在进行基础设置时，如果遇到其他报警信息，不要盲目操作，以防删除系统文件。

③ 示教器的交互界面为液晶显示屏，不要使用尖锐、锋利的工具操作示教器，以防划伤示教器的液晶显示屏。

④ 示教器操作系统基于 Robotware 6.11.02.00 版本。

【任务实施】

一、实施前检查

① 工作服、安全鞋、安全帽。

② 工业机器人（本体、控制柜、示教器）。

③ 干净的擦机布。

二、示教器使能键和功能键的使用

示教器使能键和功能键的功能与操作如表 3-1 所示。

表 3-1　示教器使能键和功能键的功能与操作

名称	功能与操作	图示
使能键	①左手穿过示教器，手执安全皮带； ②四指用适度的力，握住使能键一挡位置（注意：如果用力太轻或太重都不行。）	

续表

名称	功能与操作	图示
功能键	A～D：预设按键	
	E：选择机械单元（机器人/外轴的切换）	
	F 切换动作模式（重定位/线性运动的切换）	
	G：切换动作模式（关节轴1～3/关节轴4～6的切换）	
	H：运动增量切换，调节机器人移动速度	
	I：启动按钮（start），开始执行程序	
	J：步退按钮（step backward），步退执行程序。每次按下此按钮，可使程序向后退一条指令	
	K：步进按钮（step forward），步进执行程序。每次按下此按钮，可使程序向前进一条指令	
	L：停止按钮（stop），停止执行程序	

三、工业机器人系统语言设置

工业机器人系统语言设置，将工业机器人系统语言从英文切换到中文，具体操作如表3-2所示。

表3-2　工业机器人系统语言从英文切换到中文的操作

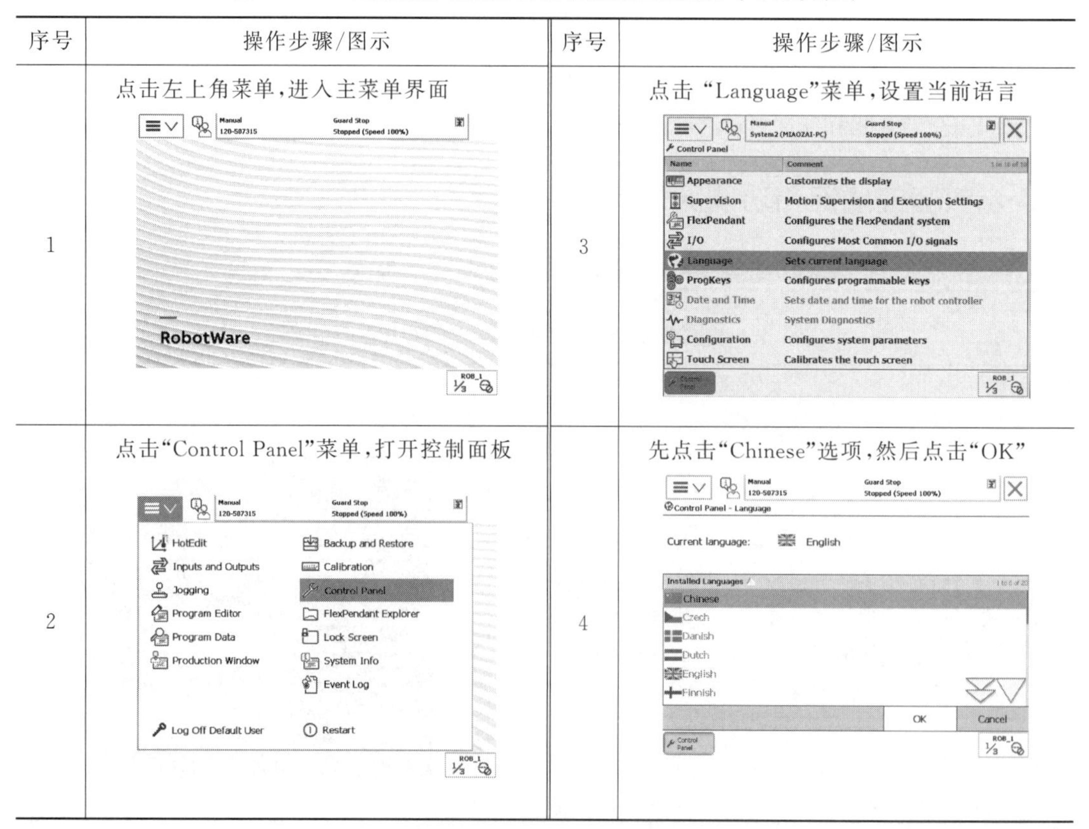

序号	操作步骤/图示	序号	操作步骤/图示
1	点击左上角菜单，进入主菜单界面	3	点击“Language”菜单，设置当前语言
2	点击“Control Panel”菜单，打开控制面板	4	先点击“Chinese”选项，然后点击“OK”

续表

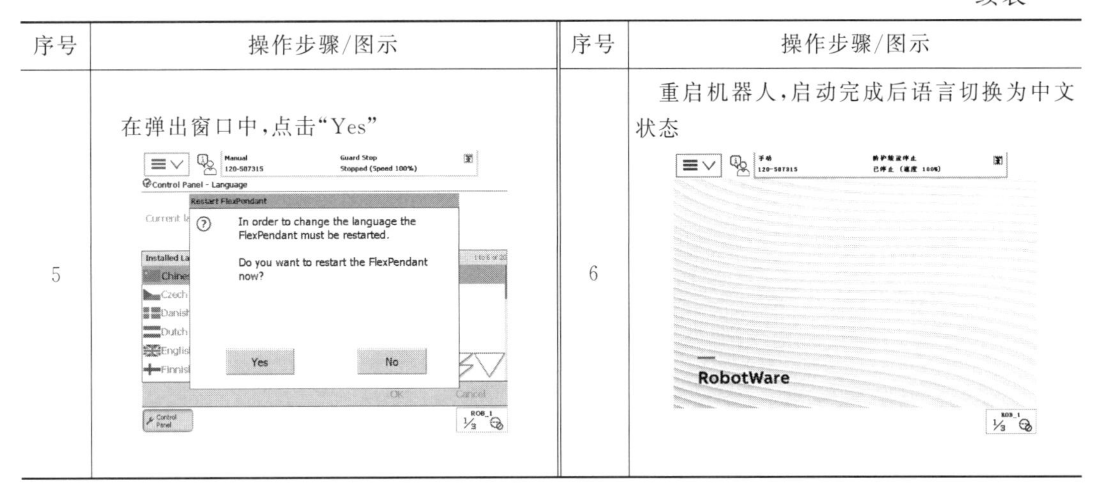

序号	操作步骤/图示	序号	操作步骤/图示
5	在弹出窗口中,点击“Yes”	6	重启机器人,启动完成后语言切换为中文状态

四、工业机器人系统时间设置

工业机器人系统时间设置操作如表3-3所示。

表3-3　工业机器人系统时间设置操作

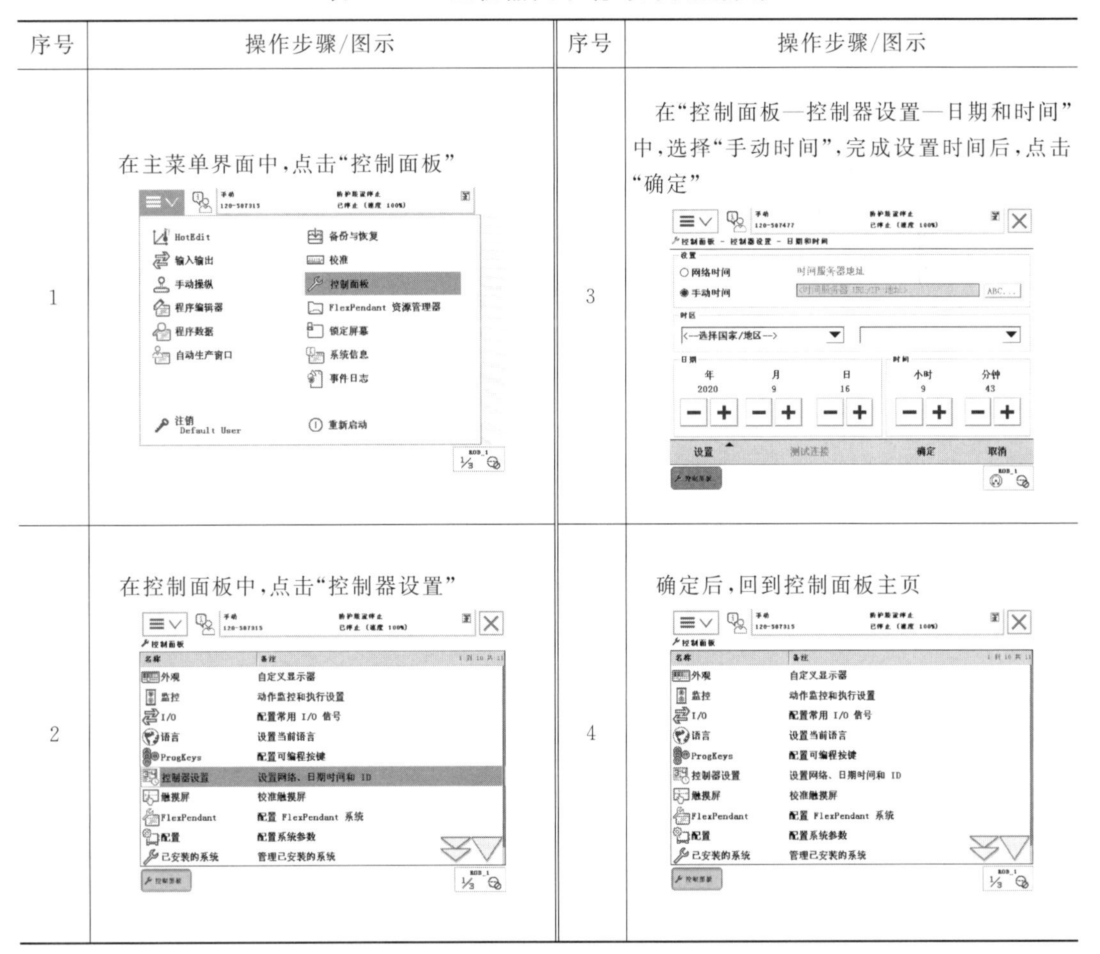

序号	操作步骤/图示	序号	操作步骤/图示
1	在主菜单界面中,点击“控制面板”	3	在“控制面板—控制器设置—日期和时间”中,选择“手动时间”,完成设置时间后,点击“确定”
2	在控制面板中,点击“控制器设置”	4	确定后,回到控制面板主页

五、工业机器人转数计数器更新

工业机器人转数计数器更新的操作如表 3-4 所示。

表 3-4　工业机器人转数计数器更新的操作

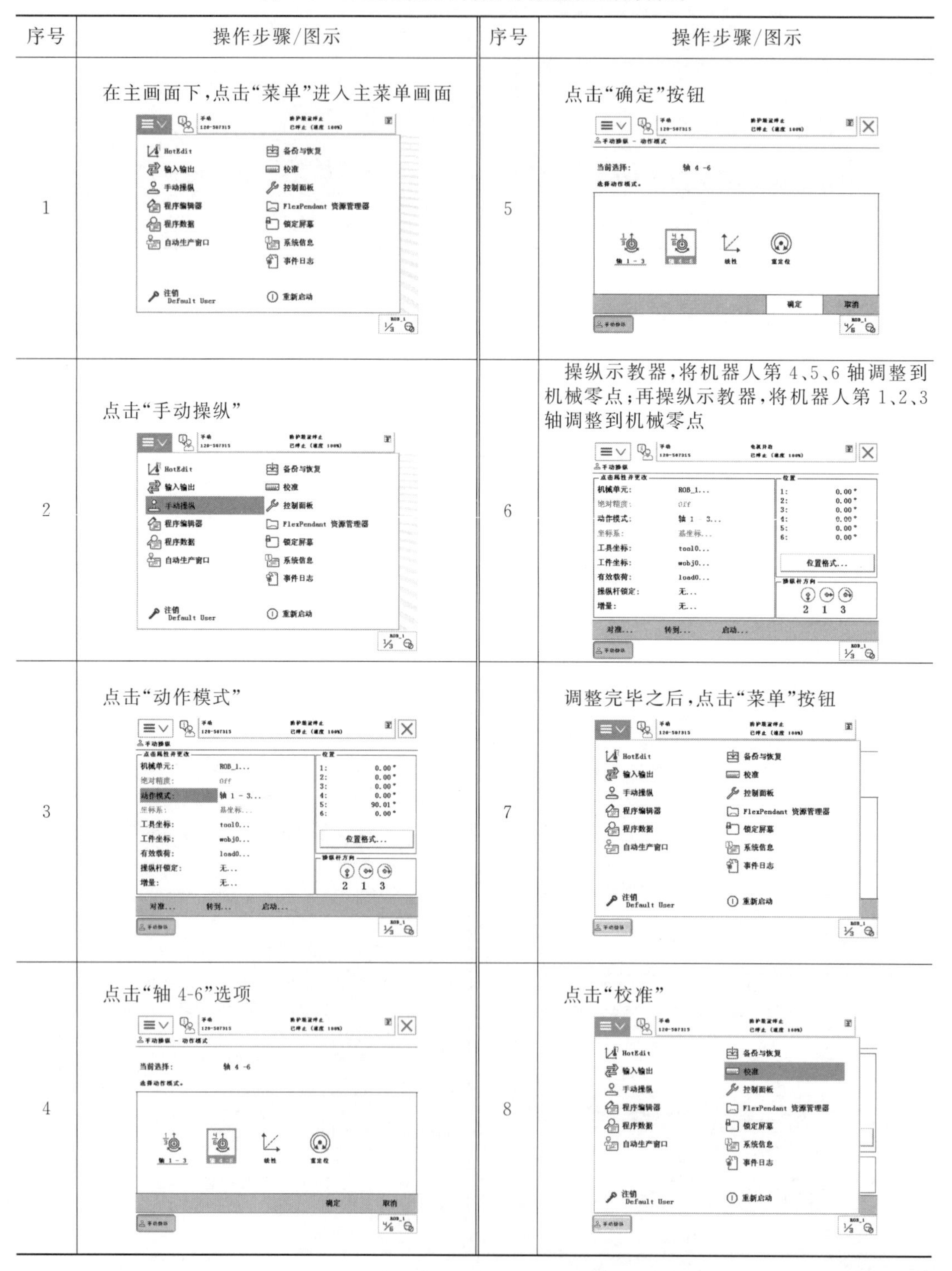

序号	操作步骤/图示	序号	操作步骤/图示
1	在主画面下，点击“菜单”进入主菜单画面	5	点击“确定”按钮
2	点击“手动操纵”	6	操纵示教器，将机器人第 4、5、6 轴调整到机械零点；再操纵示教器，将机器人第 1、2、3 轴调整到机械零点
3	点击“动作模式”	7	调整完毕之后，点击“菜单”按钮
4	点击“轴 4-6”选项	8	点击“校准”

续表

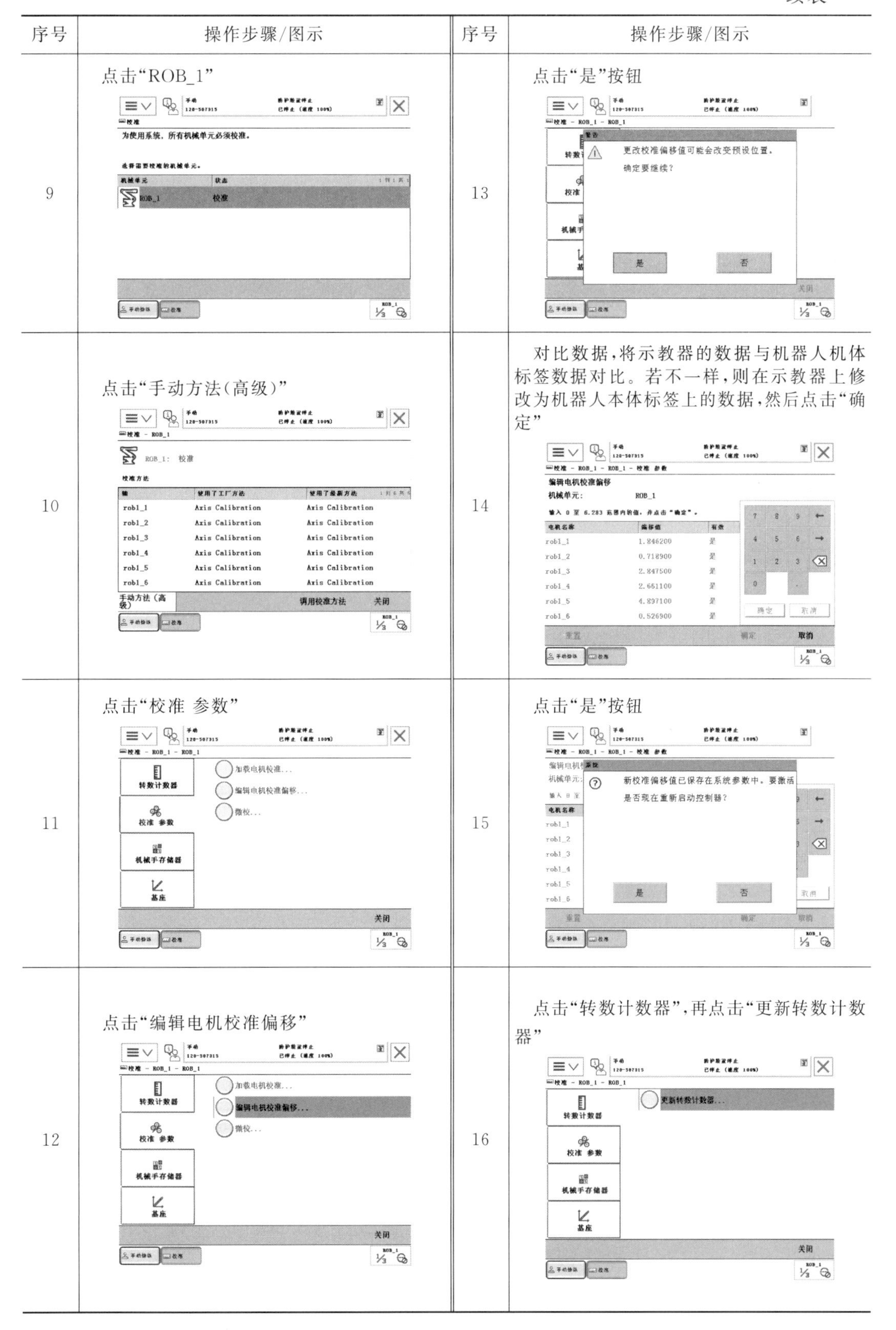

序号	操作步骤/图示	序号	操作步骤/图示
9	点击“ROB_1”	13	点击“是”按钮
10	点击“手动方法(高级)”	14	对比数据，将示教器的数据与机器人机体标签数据对比。若不一样，则在示教器上修改为机器人本体标签上的数据，然后点击“确定”
11	点击“校准 参数”	15	点击“是”按钮
12	点击“编辑电机校准偏移”	16	点击“转数计数器”，再点击“更新转数计数器”

续表

序号	操作步骤/图示	序号	操作步骤/图示
17	点击“是”按钮	20	点击“更新”按钮
18	勾选“ROB_1”，再点击“确定”按钮	21	在弹出的对话框中再点击“更新”按钮
19	点击“全选”	22	最后点击“确定”按钮

【任务小结】

1. 工业机器人示教器按键：①使能键；②功能键。

2. 工业机器人系统语言设置：①进入主菜单界面；②打开控制面板；③点击“Language”；④点击“Chinese”选项；⑤重启机器人。

3. 工业机器人系统时间设置：①进入主菜单界面；②打开控制面板；③点击“控制器设置”；④完成时间设置后点击“确定”。

4. 工业机器人转数计数器更新：①手动操作 6 个轴，使各关节轴运动到机械原点刻度位置；②编辑电机校准偏移，使示教器中的数值与机器人本体上的标签值一致；③更新转数计数器，使 6 个轴同时进行更新。

班级：__________ 学号：__________ 姓名：__________ 日期：__________

【任务测评】

在线测试

一、填空题

1. 示教器面板上一共有__________个功能键。
2. 示教器面板上有4个__________，它们可以关联板卡信号。
3. 示教器上的运动增量切换按钮可以__________。
4. 大多数情况下示教器首次进入的界面语言是__________界面。
5. 示教器进行语言切换之后需要__________。

二、选择题

1. 设置示教器的系统时间是在（　）目录下。

A. 程序编辑器

B. 程序数据

C. 系统信息

D. 控制面板

2. IRB 120型号的机器人转数计数器最多可以更新（　）个轴。

A. 6　　B. 5

C. 4　　D. 3

3. 下列（　）不是工业机器人的运动模式。

A. 轴运动　　B. 线性运动

C. 重定位运动　　D. 往复运动

4. 示教器时间“设置”可以选择（　）和手动时间。

A. 北京时间　　B. 纽约时间

C. 伦敦时间　　D. 网络时间

5. 示教器时间“设置”可以把时间设置到（　）。

A. 分钟　　B. 秒

C. 毫秒　　D. 微秒

三、判断题

1. 示教器一般采用左手握示教器的方式。（　）
2. 示教器的语言只能设置为中文和英文。（　）
3. 工业机器人转数计数器更新可以选择对应的问题轴更新。（　）
4. 示教器的使能键要用很大的力气去握。（　）

5. 示教器的系统时间设置只能设置北京时区。（　　）

四、操作题

1. 示教器的使能键如图 3-1 所示，功能键如图 3-2 所示。根据示教器按钮图示，写出示教器相应使能键和功能键的功能与操作。

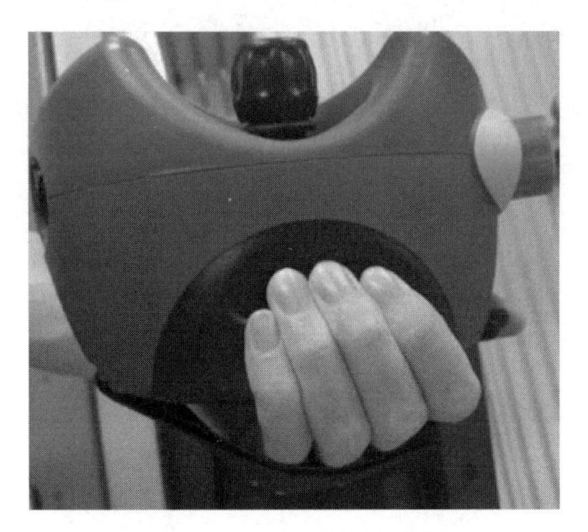

图 3-1　示教器的使能键

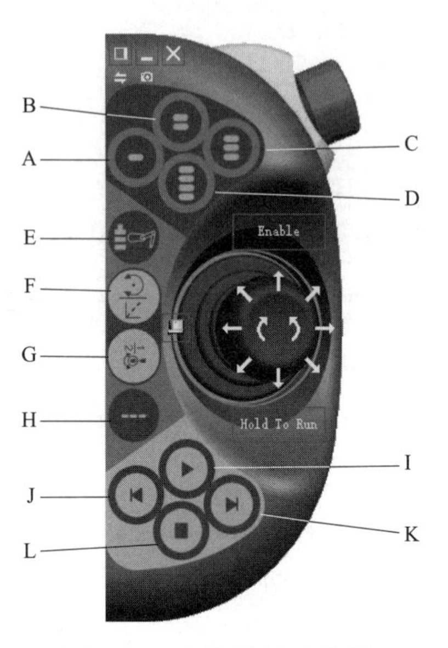

图 3-2　示教器的功能键

....

....

....

....

....

2. 图 3-3 是英文操作界面，图 3-4 是中文操作界面。操作工业机器人系统，将语言设置从英文切换到中文状态，并写出以下操作步骤中的空缺部分。

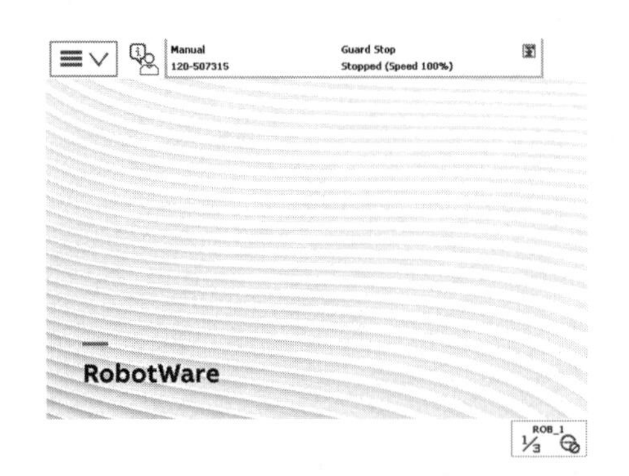

图 3-3　英文操作界面

图 3-4　中文操作界面

操作步骤：

点击进入主菜单“____”→点击“____”→点击“____”选项→点击“____”→点击“____”。

3. 按照活动要求设置工业机器人系统时间，并写出当前时间和主要操作步骤。

活动 1：将工业机器人系统时间设置为以下时间。

年	月	日	小时	分钟
2020	9	16	9	43

完成后工业机器人系统日期和时间的显示界面如图 3-5 所示。

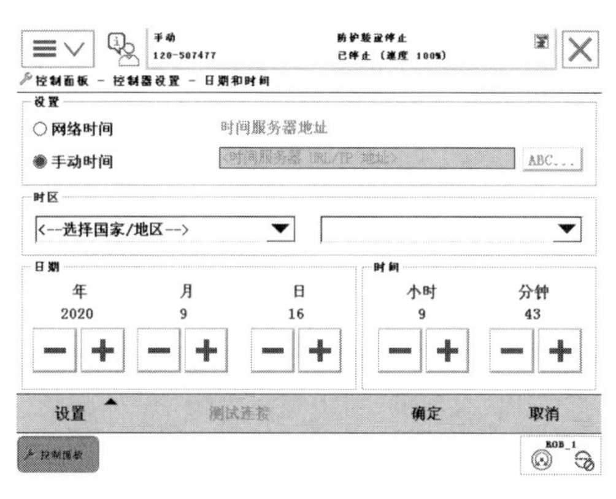

图 3-5　工业机器人系统日期和时间

活动 2：将工业机器人系统时间设置为当前时间，并写出当前日期和时间。

年	月	日	小时	分钟

活动 3：写出工业机器人系统时间设置的主要操作步骤。

在主菜单界面中，点击“____”→点击“____”→在“____”中输入当前日期和时间→点击“____”，完成设置时间后→点击“____”。

4. 操作工业机器人更新转数计数器，并写出工业机器人转数计数器更新的操作步骤。

活动1：操作工业机器人更新转数计数器，根据实际操作结果进行选择记录。

□ 一次性操作满足要求

□ 二次操作才满足要求

□ 二次操作也未能满足要求

活动2：写出工业机器人转数计数器更新的操作步骤。

□ 手动操作6个轴，使各关节轴运动到机械原点刻度位置，写出操作步骤。

....

....

....

□ 编辑电机校准偏移，使示教器中的数值与机器人本体上的标签值一致，写出操作步骤。

....

....

....

□ 更新转速计数器，使6个轴同时进行更新，写出操作步骤。

....

....

....

转数计数器更新成功后的显示界面如图3-6所示。

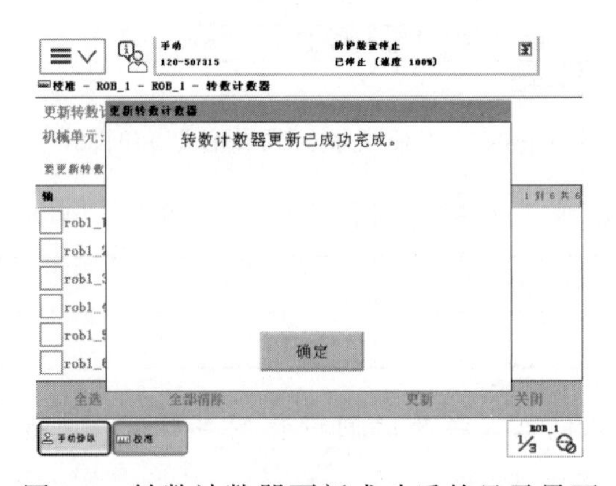

图3-6 转数计数器更新成功后的显示界面

任务二　工业机器人单轴和线性运动操作

【任务描述】

某单位新引进一套工业机器人工作站，为后续能顺利投入生产中，请检测工业机器人的工作空间、单轴和线性运动是否符合生产工艺，完成验收。

【任务目标】

1. 能对工业机器人单轴运动进行测试。
2. 能对工业机器人线性运动进行测试。
3. 培养学生良好的操作习惯和职业道德。

【任务准备】

一、工业机器人限位及工作空间

工业机器人的每个轴都有硬限位和软限位，以便保护工业机器人本体的安全。根据工业机器人各轴的硬限位，设定了各轴的软限位，这样工业机器人就存在无法到达的区域。

IRB 120 六轴工业机器人的工作空间如图 3-7 所示，A～I 各极限位置所对应的参数值如表 3-5 所示。

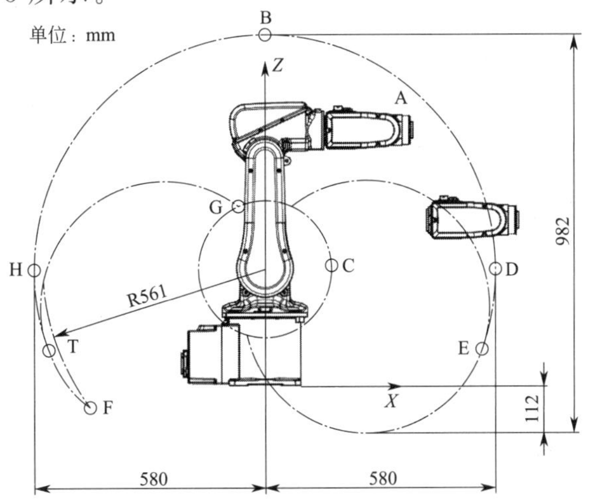

图 3-7　IRB 120 六轴机器人的工作空间

表 3-5 A～I 各位置的参数值

位置	手腕中心处的位置/mm		角度/(°)		位置	手腕中心处的位置/mm		角度/(°)	
	X	Z	轴 2	轴 3		X	Z	轴 2	轴 3
A	302	630	0	0	F	−440	−50	−110	−110
B	0	870	0	−77	G	−67	445	−110	+70
C	169	300	0	+70	H	−580	270	−90	−77
D	580	270	+90	−77	I	−545	91	−110	−77
E	545	91	+110	−77					

二、工业机器人各轴的运动方向

工业机器人每个轴的安装方式及安装位置不同，因此在进行单轴运动时各轴的运动方向是不同的。IRB 120 六轴机器人各轴的单轴运动方向如图 3-8 所示。

三、工业机器人的运动操作方式

1. 工业机器人手动操作运动模式

工业机器人手动操作运动模式有单轴、线性、重定位三种。单轴运动分为轴 1-3 和轴 4-6 两组手动操作模式，是工业机器人单个关节轴的旋转运动。线性运动是指安装在工业机器人轴 6 法兰盘上工具的 TCP 在空间中做线性运动。线性运动时要指定坐标系、工具坐标、工件坐标。坐标系指定了 TCP 点运行的坐标系，坐标系包括大地坐标、基坐标、工具坐标、工件坐标。工具坐标指定了 TCP 点位置。工件坐标指定 TCP 点运行的工件坐标系，当坐标系选择了工件坐标时，工件坐标才生效。重定位运动是让机器人绕着选定的工具 TCP 的某个轴进行旋转，旋转过程中保持工具 TCP 点的绝对空间位置不变，最终实现机器人末端执行器位姿的改变。

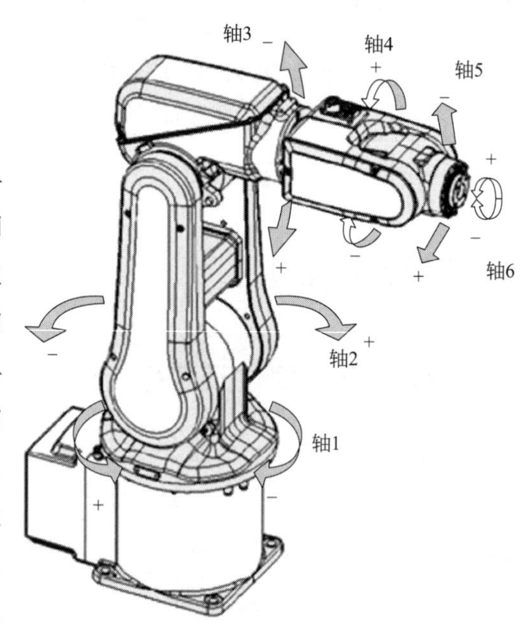

图 3-8 IRB 120 六轴机器人各轴的单轴运动方向

2. 工业机器人编程运动指令种类

工业机器人编程运动指令大致可以分为三种：关节运动指令、直线运动指令、圆弧运动指令。关节运动是在指定的两个点之间进行任意的运动；直线运动是在指定的两个点之间进行直线运动；圆弧运动是在指定的三个点之间进行圆弧运动。

四、手动操作注意事项

工业机器人手动操作的注意事项如下所述。

① 打开机器人总开关后，必须先检查机器人是否在原点位置，如果不在，请手动跟踪机器人返回到原点。

② 操作机器人进行单轴和线性运动，可以方便操作人员熟悉工业机器人的运动方式和范围。在进行操作时要准确，操作人员要明确每个操作动作对工业机器人的实际控制作用。

③ 操作过程中注意不要碰撞周围设备。当发生故障或报警时，请把报警代码和内容记录下来，以便老师提供解决方案。

【任务实施】

一、实施前检查

① 工作服、安全鞋、安全帽。
② 工业机器人（本体、控制柜、示教器）。
③ 干净的擦机布。

二、工业机器人单轴运动的操作

示教器手动操纵机器人单轴运动的操作如表 3-6 所示。

表 3-6　手动操纵机器人单轴运动的操作

序号	操作步骤/图示	序号	操作步骤/图示
1	点击“手动操纵” 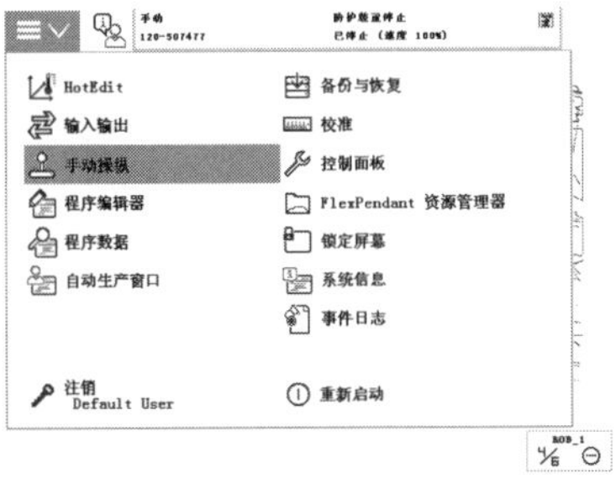	3	根据需要选择“轴 1-3”，选择之后点击“确定” 
2	双击“动作模式” 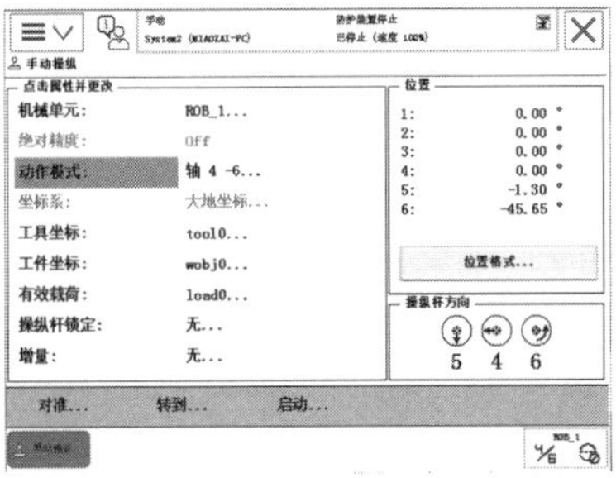	4	或者根据需要选择“轴 4-6”，选择之后点击“确定” 

续表

序号	操作步骤/图示
5	按住使能键,摇动操纵杆,控制工业机器人进行单轴运动

三、工业机器人线性运动的操作

示教器手动操纵机器人线性运动的操作如表 3-7 所示。

表 3-7　手动操纵机器人线性运动的操作

序号	操作步骤/图示	序号	操作步骤/图示
1	点击"手动操纵"	3	根据需要选择"线性",选择之后点击"确定"
2	双击"动作模式"	4	按住使能键,摇动操纵杆,控制工业机器人进行线性运动

【任务小结】

1. 工业机器人单轴运动的操作：①点击“手动操纵”；②双击“动作模式”；③根据需要选择“轴 1-3”或“轴 4-6”；④按住使能键，摇动操纵杆，控制工业机器人进行单轴运动。

2. 工业机器人线性运动的操作：①点击“手动操纵”；②双击“动作模式”；③根据需要选择“线性”，选择之后点击“确定”；④按住使能键，摇动操纵杆，控制工业机器人进行线性运动。

班级：__________ 学号：__________ 姓名：__________ 日期：__________

【任务测评】

在线测试

一、填空题

1. 在轴 1-3 动作模式下，操纵工业机器人单轴运动，顺时针旋转操纵杆，则机器人__________。

2. 在示教器手动操纵界面，可选择的动作模式有轴 1-3、轴 4-6、线性和__________。

3. 操纵工业机器人在__________时，其 TCP 会沿基准坐标系的 X、Y、Z 轴进行线性运动。

4. 在制动闸被按下、__________或突发状况发生紧急停止情况下，工业机器人进入紧急停止状态，无法执行动作。

5. 在示教器手动线性操纵界面下，操纵杆的偏转方向决定工业机器人的__________。

二、单选题

1. 在轴 4-6 动作模式下，操纵工业机器人单轴运动，顺时针旋转操纵杆，则机器人（　　）。

A. 轴 4 正向旋转　B. 轴 6 负向旋转　C. 轴 6 正向旋转　D. 轴 4 负向旋转

2. 水平安装的工业机器人，参考基坐标系方向进行线性运动。若逆时针旋转操纵杆，则机器人（　　）。

A. 向上移动　B. 向下移动

C. 朝机器人正前方移动　D. 朝机器人正后方移动

3. 工业机器人的（　　）用于启动工业机器人安全保护机制，紧急停止工业机器人的动作。

A. 紧急停止按钮　B. 模式开关　C. 电机启动　D. 电源开关

4. 在示教器手动操纵界面，不能选择的动作模式有（　　）。

A. 轴 1-3　B. 曲线　C. 重定位　D. 轴 4-6

5. 操纵工业机器人重定位运动，当顺时针旋转操纵杆时，其 TCP 围绕基准坐标系的（　　）运动。

A. X 轴　B. Y 轴　C. Z 轴　D. 尖点

三、判断题

1. 操纵杆的偏转方向决定工业机器人的运动方向。（　　）

2. 重定位运动时，工业机器人的TCP会随操纵杆的偏转方向移动。 （ ）

3. 工业机器人的单轴动作模式，可分为轴1-3和轴4-6。 （ ）

4. 在电机启动被按下情况下，工业机器人进入紧急停止状态，无法执行动作。 （ ）

5. 在示教器手动操纵界面，可选择的动作模式有轴1-3、轴4-6、曲线和重定位。 （ ）

四、操作题

1. 操纵工业机器人，选择手动操纵动作模式为“轴1-3”，按工业机器人单轴运动测试任务操作表的内容进行。完成操作后，对照表3-8进行自查，不正确的再次操作，直到完全掌握。操作完成后，在自查栏中填写“√”。在确认栏中，由老师或小组负责人确认后填写，操作正确填写“√”，操作错误填写“×”。

表3-8 工业机器人单轴运动测试任务操作

序号	操作步骤	自查	确认
1	检查各线路连接是否正常，电缆是否有破损、断开等现象		
2	闭合工业机器人主开关，工业机器人系统完成通电工作，接通气源，并检查气动回路是否存在泄漏等现象		
3	确定工业机器人的工作空间，和工业机器人隔开一定的安全距离		
4	按下并保持示教器的使能键为一挡，示教器显示“电机开启”，将工业机器人的“动作模式”切换为“轴1-3”		
5	左右摇动操纵杆，观察轴1的正负旋转方向		
6	上下摇动操纵杆，观察轴2的正负旋转方向		
7	顺时针逆时针摇动操纵杆，观察轴3的正负旋转方向		

2. 操纵工业机器人，选择手动操纵动作模式为“线性”，按工业机器人线性运动测试任务操作表的内容进行。完成操作后，对照表3-9进行自查，不正确的再次操作，直到完全掌握。操作完成后，在自查栏中用“√”填写。在确认栏中，由老师或小组负责人确认后填写，操作正确填写“√”，操作错误填写“×”。

表3-9 工业机器人线性运动测试任务操作表

序号	操作步骤	自查	确认
1	检查各线路连接是否正常，电缆是否有破损、断开等现象		
2	闭合工业机器人主开关，工业机器人系统完成通电工作，接通气源，并检查气动回路是否存在泄漏等现象		
3	确定工业机器人的工作空间，和工业机器人隔开一定的安全距离		
4	按下并保持示教器的使能器按钮为一挡，示教器显示“电机开启”，将工业机器人的“动作模式”切换为“线性”		
5	按下“X正向”按钮，观察工业机器人末端工具的运动是否沿X正方向直线运动		
6	按下“Y正向”按钮，观察工业机器人末端工具的运动是否沿Y正方向直线运动		
7	按下“Z正向”按钮，观察工业机器人末端工具的运动是否沿Z正方向直线运动		
8	重复上述步骤5～7，检测X轴、Y轴和Z轴反向运动是否为直线运动		

任务三　工业机器人坐标系标定及重定位运动操作

【任务描述】

在提供的工作站上，对工业机器人进行工具坐标系标定，先用工业机器人末端执行器新建工具 tool1 并进行设定，要求平均误差越小越好。选用标定的工具坐标 tool1 进行重定位运动检验，并测试其正确性。再对工业机器人进行工件坐标系标定，根据现场生产工艺要求，建立工件坐标系 wobj1，并测试其正确性。

【任务目标】

1. 能标定工具坐标系（TCP 和 Z，X）。
2. 能操作工业机器人重定位运动。
3. 能标定工件坐标系。
4. 培养学生精益求精和爱岗敬业的精神。

【任务准备】

一、工业机器人坐标系概述

为了确定工业机器人的位置和姿势（位姿），在工业机器人上或空间中进行定义的位置指标系统就是坐标系，在示教编程的过程中经常使用关节坐标系、基坐标系、工具坐标系、工件坐标系、世界坐标系和用户坐标系。

1. 关节坐标系

关节坐标系是每个轴相对于原点位置的绝对角度。在关节坐标系下，工业机器人各轴均可实现单独正向运动或反向运动。当工业机器人进行大范围运动，且不要求 TCP 姿态时，可选择关节坐标系。

2. 基坐标系

基坐标系位于工业机器人基座。它是描述工业机器人从一个位置移动到另一个位置的坐标系。

3. 工具坐标系

工具坐标系定义了当工业机器人到达预设目标时使用工具的位置。

（1）定义　即安装在机器人末端的工具坐标系，原点及方向都是随着末端位置与角度不断变化的，该坐标系实际是将基础坐标系通过旋转及位移变化而来的。工具中心点（TCP）的位置为工具坐标系的原点。工具坐标系必须事先进行设定。使用者可以根据工具的外形、尺寸等建立与工具相对应的工具坐标系。工具坐标系可以设置多个。

（2）标定方法

① 工具坐标系标定的方法一般是 4 点法标定。在机器人附近找一点，使工具中心点对准该点，保持工具中心点不变，改变工具的姿态，修改位置四次，即可自动生成工具坐标系的参数。工具坐标系定义如图 3-9 所示。

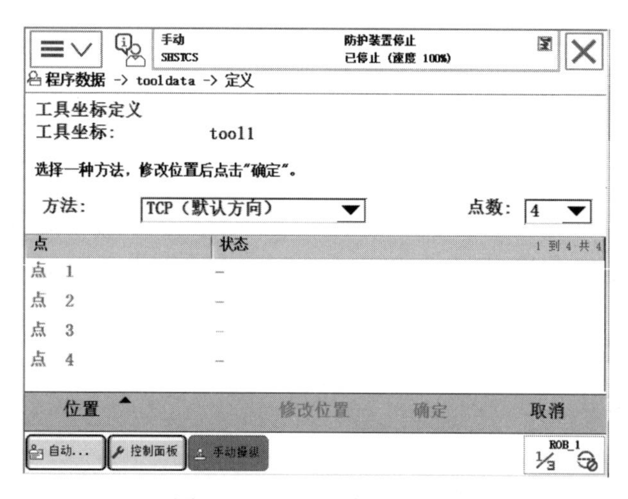

图 3-9　工具坐标系定义

② 工具坐标系标定还有 6 点法标定。首先通过 4 点法进行末端姿态的标定，此标定仅仅标定了末端姿态的一点，工具坐标系中的姿态标定，进一步标定了工具坐标系的 X、Y、Z 轴的方向，使得机器人可沿工具坐标系运动。这里主要操作其中的二个方向即可，一是示教工具坐标的 Z 方向；二是示教工具坐标的 Y 方向。

（3）应用场合　工具坐标系一般应用于焊接、抛光、打磨等复杂生产工艺。

4. 工件坐标系

工件坐标系与工件相关，通常是最适合对工业机器人进行编程的坐标系。

（1）定义　工件坐标系定义在工件上，在机器人动作允许范围内的任意位置，设定任意角度的 X、Y、Z 轴，原点位于机器人抓取的工件上，坐标系的方向根据客户需要任意定义。工件坐标系也可以设置多个。

（2）标定方法　工件坐标标定方法相对比较简单。一般通过示教 3 个示教点实现，第一个示教点是工件坐标系的原点；第二个示教点在 X 轴上，第一个示教点到第二个示教点的连线是 X 轴，所指方向为 X 正方向；第三个示教点在 Y 轴的正方向区域内。Z 轴由右手法则确定。工件坐标系坐标轴的方向定义，如图 3-10 所示。

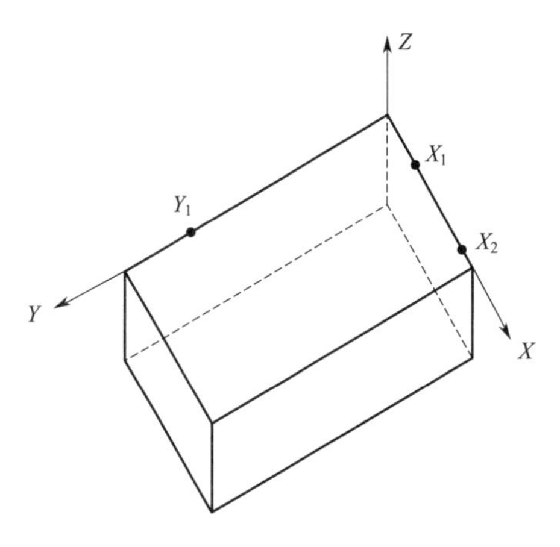

图 3-10　工件坐标系坐标轴的方向定义

（3）应用场合　工件坐标系一般应用于较复杂的焊接、物流中的生产码垛，以及形状较复杂的工件搬运码垛工作站。

5. 世界坐标系

世界坐标系可定义工业机器人单元，其他坐标系均与世界坐标系有直接或间接关系。世界坐标系适用于微动控制、一般移动，以及处理具有若干工业机器人或外轴移动机器人的工作站和工作单元。

6. 用户坐标系

当表示持有其他坐标系的设备（如工件）时，用户坐标系非常有用。

二、坐标系标定注意事项

坐标系标定的注意事项如下所述。

① 操作工业机器人要求操作人员具有一定的专业知识和熟练的操作技能，并且需要进行现场近距离操作，因而具有一定的危险性，所以操作人员必须穿戴好安全防护装备。

② 坐标系标定常用的工具多为尖点，在放置和移动尖点工具时要轻拿轻放，避免掉落和碰撞。

③ 进行坐标系标定时，每一个标定点要准确，不能出现偏差过大的情况。

【任务实施】

一、实施前检查

① 工作服、安全鞋、安全帽。

② 工业机器人（本体、控制柜、示教器）。

③ 干净的擦机布。

二、工具坐标系的标定（TCP 和 Z，X）

工具坐标系的标定（TCP 和 Z，X）需要新建工具 tool1 并进行设定，具体操作按照表 3-10 操作步骤实施。

表 3-10　工具坐标系标定的操作步骤

序号	操作步骤/图示	序号	操作步骤/图示
1	进入主界面，点击“手动操纵” 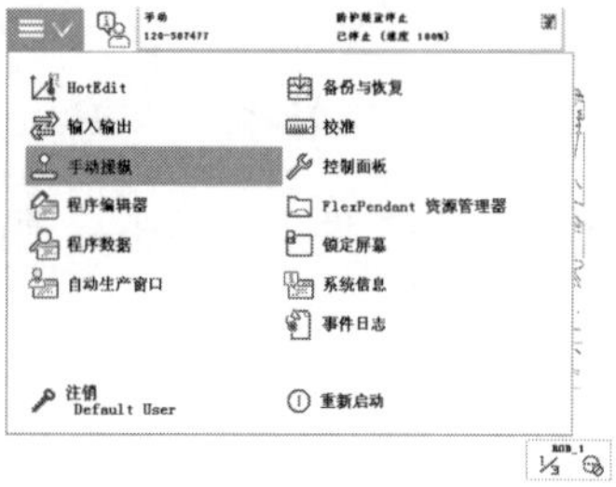	5	选中目标工具坐标，点击“编辑”，选择“更改值”，对该工具的数据值进行更改 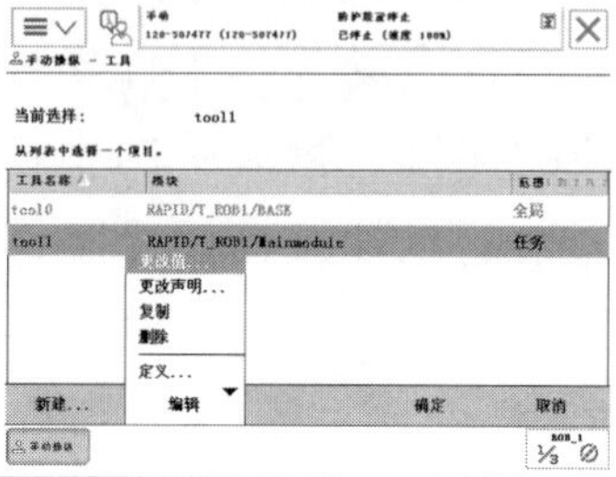
2	点击“工具坐标” 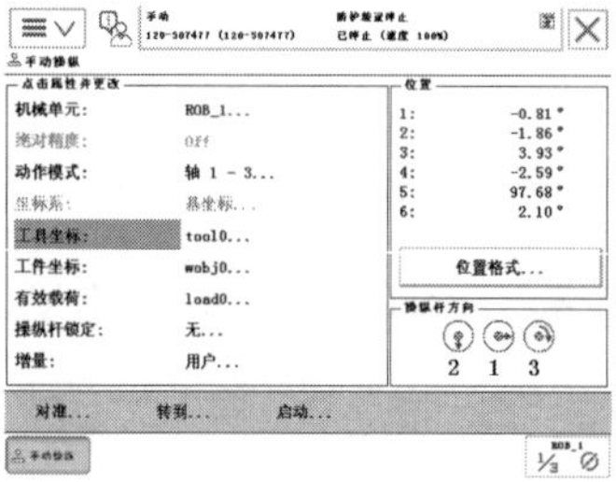	6	将“mass”（质量）改为工具的实际质量，单位为 kg 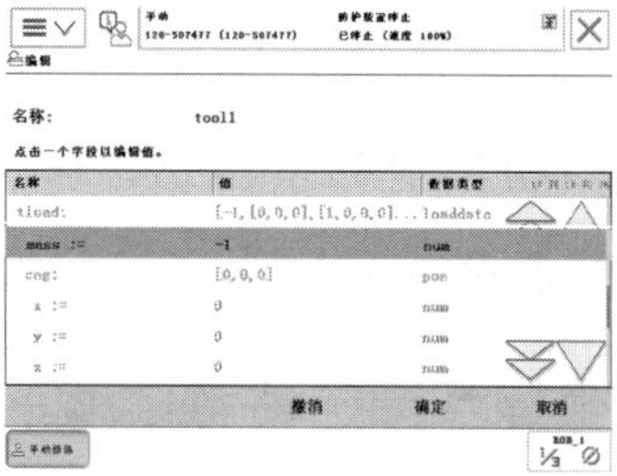
3	点击“新建”，新建工具坐标系 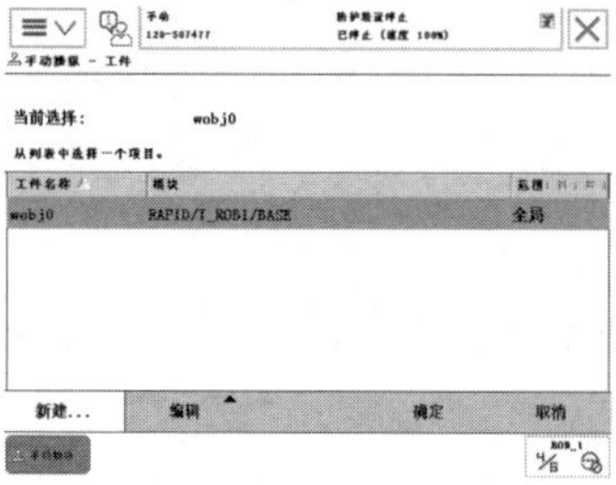	7	选中目标工具坐标，在编辑里面中，点击“定义” 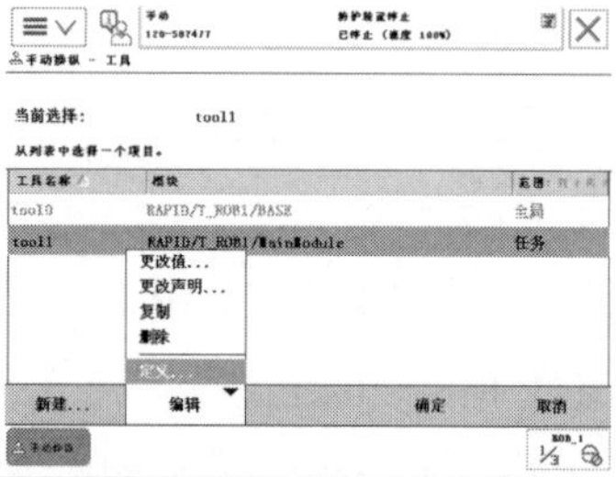
4	名称和范围等属性可以修改，一般默认即可，点击“确定”，新建一个工具坐标 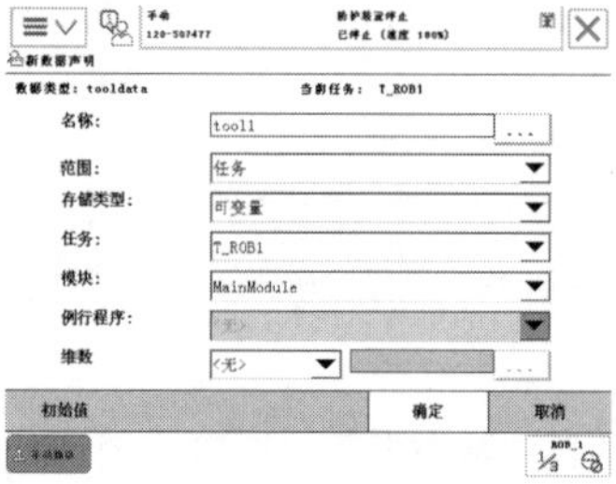	8	根据工具坐标系方向的需求，选择定义方法：选择“TCP(默认方向)”需要示教 4 个点；选择“TCP 和 Z”需要示教 5 个点；选择“TCP 和 Z,X”需要示教 6 个点 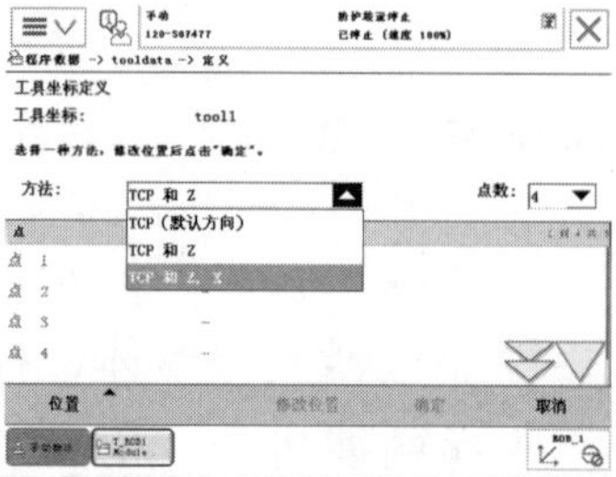

续表

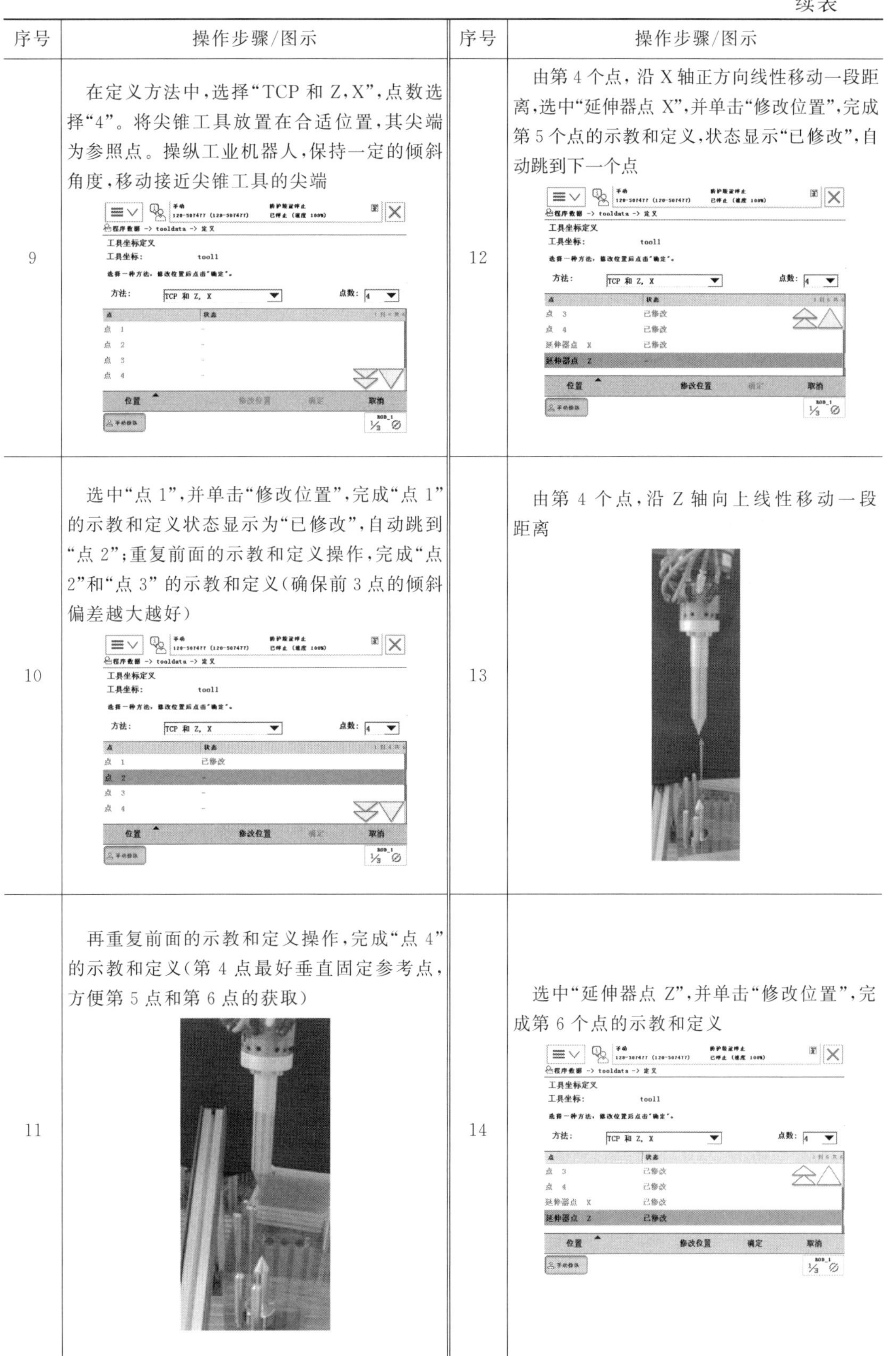

序号	操作步骤/图示	序号	操作步骤/图示
9	在定义方法中，选择“TCP 和 Z，X”，点数选择“4”。将尖锥工具放置在合适位置，其尖端为参照点。操纵工业机器人，保持一定的倾斜角度，移动接近尖锥工具的尖端	12	由第 4 个点，沿 X 轴正方向线性移动一段距离，选中“延伸器点 X”，并单击“修改位置”，完成第 5 个点的示教和定义，状态显示“已修改”，自动跳到下一个点
10	选中“点 1”，并单击“修改位置”，完成“点 1”的示教和定义状态显示为“已修改”，自动跳到“点 2”；重复前面的示教和定义操作，完成“点 2”和“点 3” 的示教和定义（确保前 3 点的倾斜偏差越大越好）	13	由第 4 个点，沿 Z 轴向上线性移动一段距离
11	再重复前面的示教和定义操作，完成“点 4”的示教和定义（第 4 点最好垂直固定参考点，方便第 5 点和第 6 点的获取）	14	选中“延伸器点 Z”，并单击“修改位置”，完成第 6 个点的示教和定义

续表

序号	操作步骤/图示	序号	操作步骤/图示
15	点击“位置”，选择“保存”，按照提示完成保存 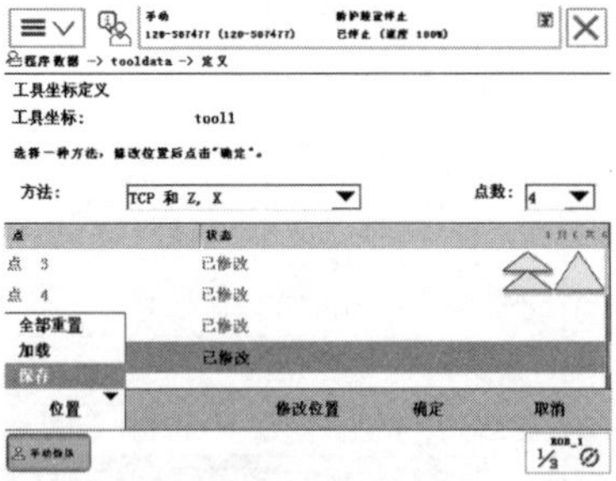	16	系统弹出误差计算结果，查看平均误差结果后，点击“确定”，工具坐标系的标定完成 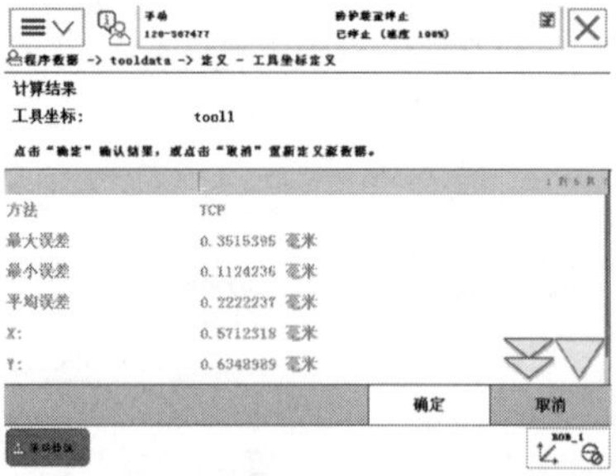

注意：在工具坐标系的标定完成后，系统会自动弹出工具坐标误差计算结果画面，如果平均误差大于1.0，需要重新示教和定义。

三、工业机器人重定位运动

选用标定的工具坐标进行重定位运动检验，具体操作按照表3-11实施。

四、工件坐标系的标定

新建需要的工件坐标系，用3点法定义工件坐标系，具体操作按照表3-12实施。

表3-11　重定位运动的操作步骤

序号	操作步骤/图示	序号	操作步骤/图示
1	点击“手动操纵” 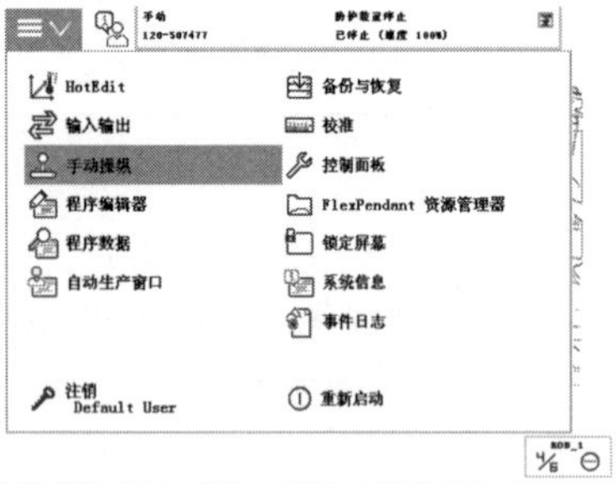	3	点击“重定位”，再点击“确定” 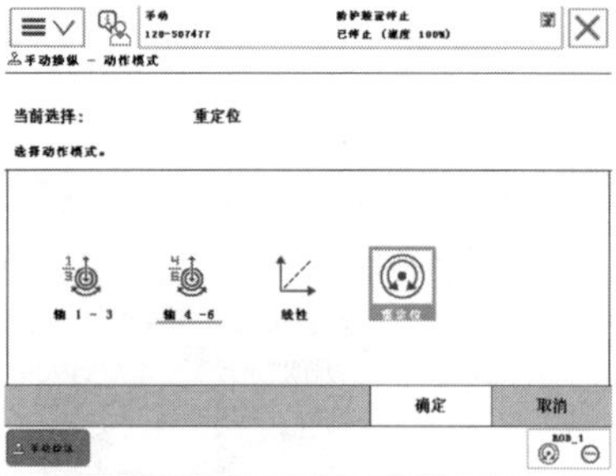
2	双击“动作模式” 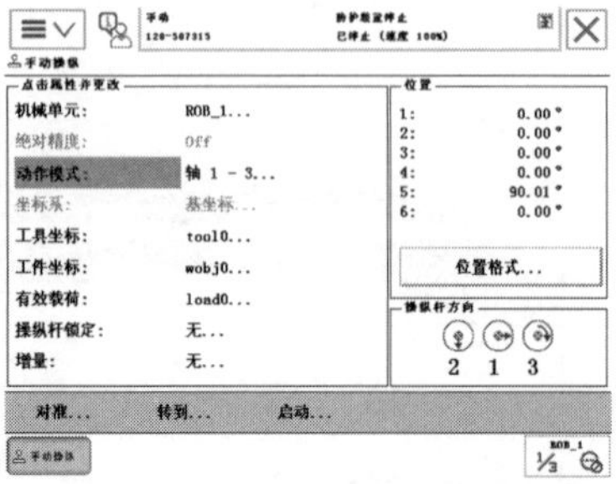	4	点击“坐标系” 

续表

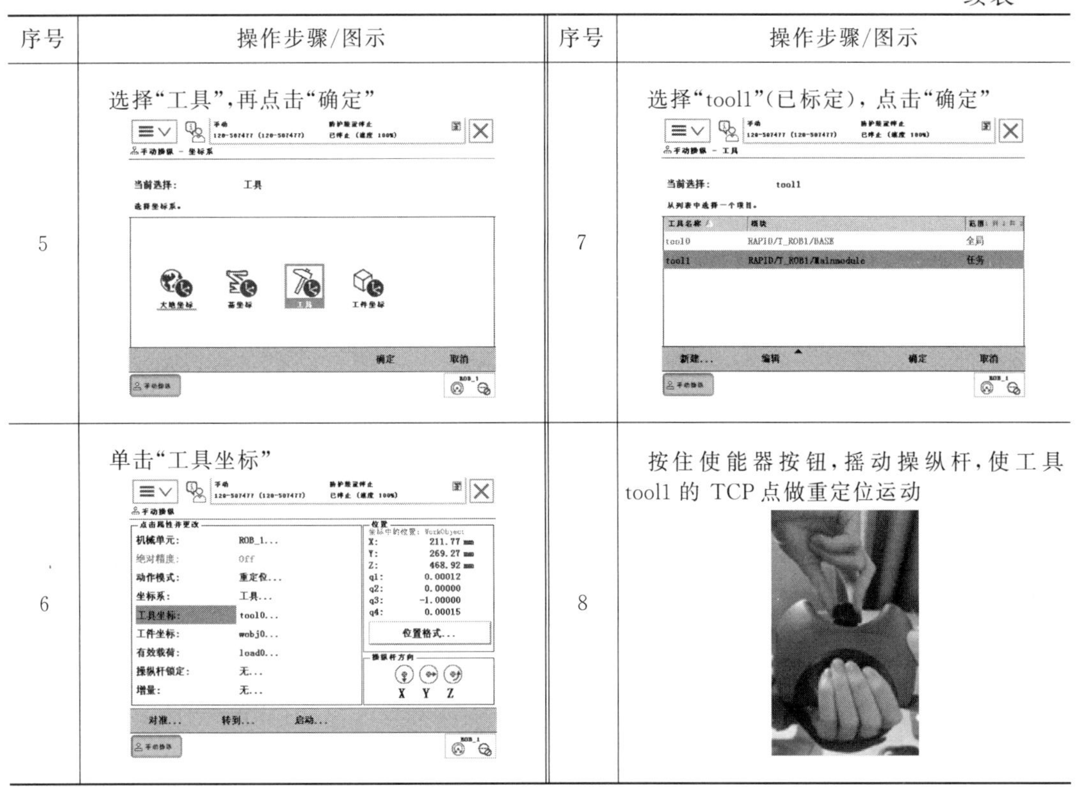

序号	操作步骤/图示	序号	操作步骤/图示
5	选择“工具”，再点击“确定”	7	选择“tool1”（已标定），点击“确定”
6	单击“工具坐标”	8	按住使能器按钮，摇动操纵杆，使工具tool1的TCP点做重定位运动

表 3-12　工件坐标系标定的操作步骤

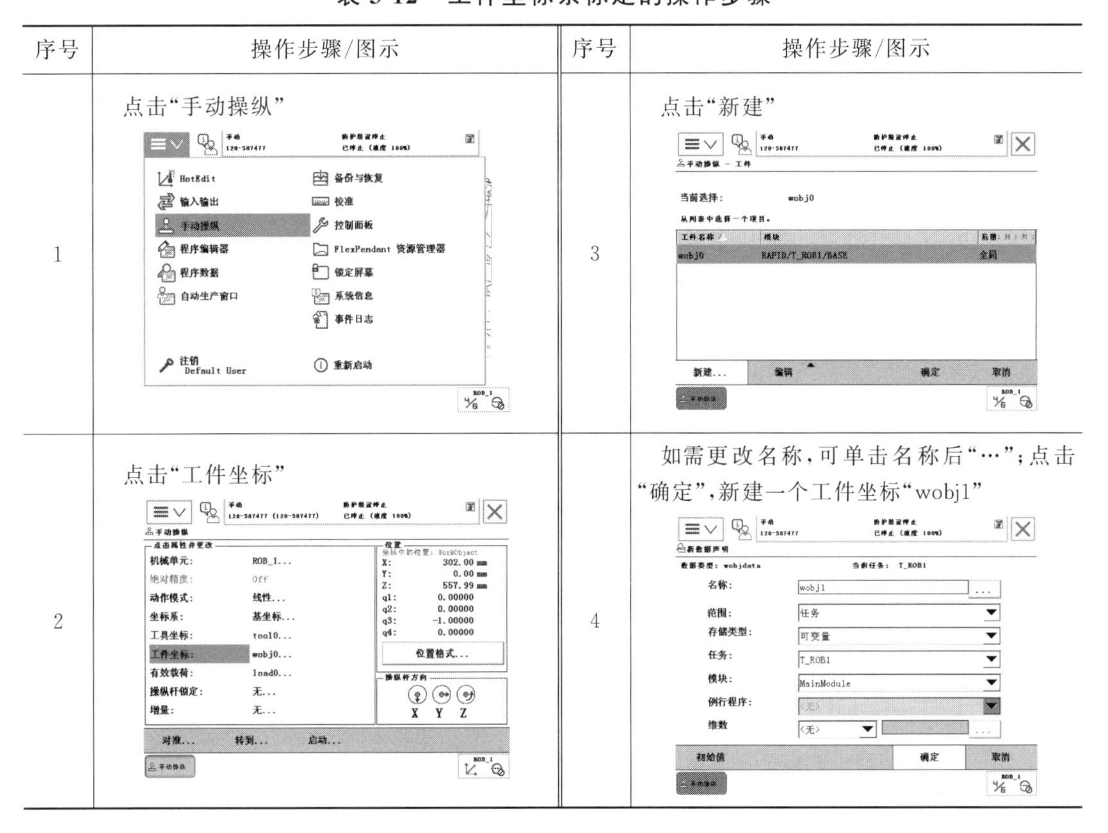

序号	操作步骤/图示	序号	操作步骤/图示
1	点击“手动操纵”	3	点击“新建”
2	点击“工件坐标”	4	如需更改名称，可单击名称后“…”；点击“确定”，新建一个工件坐标“wobj1”

续表

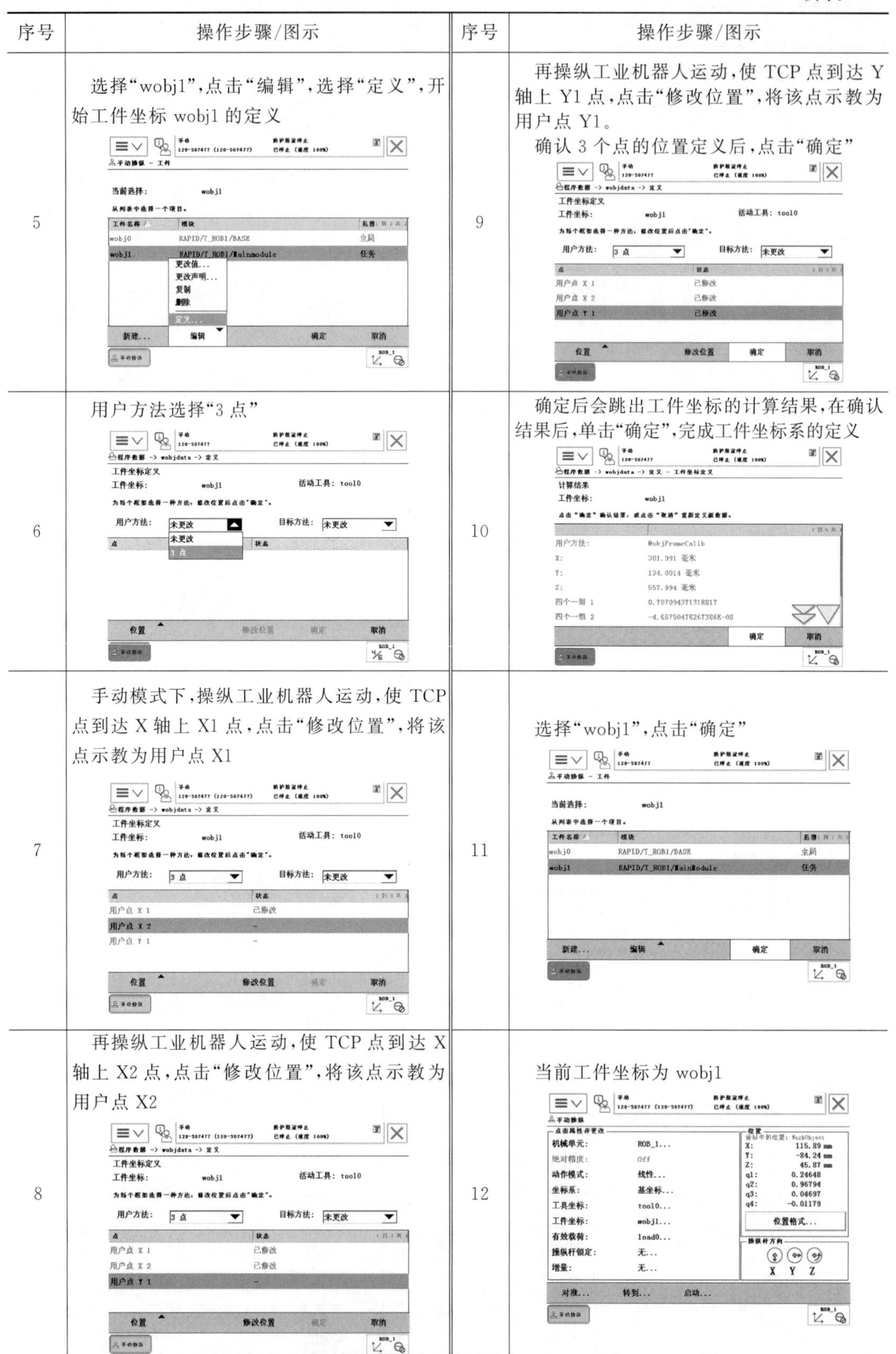

序号	操作步骤/图示	序号	操作步骤/图示
5	选择“wobj1”，点击“编辑”，选择“定义”，开始工件坐标 wobj1 的定义	9	再操纵工业机器人运动，使 TCP 点到达 Y 轴上 Y1 点，点击“修改位置”，将该点示教为用户点 Y1。 确认 3 个点的位置定义后，点击“确定”
6	用户方法选择“3 点”	10	确定后会跳出工件坐标的计算结果，在确认结果后，单击“确定”，完成工件坐标系的定义
7	手动模式下，操纵工业机器人运动，使 TCP 点到达 X 轴上 X1 点，点击“修改位置”，将该点示教为用户点 X1	11	选择“wobj1”，点击“确定”
8	再操纵工业机器人运动，使 TCP 点到达 X 轴上 X2 点，点击“修改位置”，将该点示教为用户点 X2	12	当前工件坐标为 wobj1

【任务小结】

1. 工具坐标系的标定（TCP 和 Z，X）：①创建工具坐标系 tool1；②定义工具坐标系 tool1；③工具坐标系 tool1 设定效果确认。

2. 工业机器人重定位运动：①手动操纵动作模式选择“重定位”；②手动操纵坐标系选择“工具”；③手动操纵工具坐标选择“tool1”；④按住使能器按钮，摇动操纵杆控制重定位运动。

3. 工件坐标系的标定：①创建工件坐标系 wobj1；②定义工件坐标系 wobj1；③工件坐标系标定结果确认。

学习笔记：

班级：__________ 学号：__________ 姓名：__________ 日期：__________

【任务测评】

在线测试

一、填空题

1. 工具坐标系定义了当工业机器人到达__________目标时使用工具的位置。

2. 工具坐标系一般采用 3 点法、4 点法或者__________进行标定。

3. 工件坐标系与工件相关，通常是最适合对工业机器人进行______的坐标系。

4. 坐标系标定常用的工具多为__________，在放置和移动尖点工具时要轻拿轻放，避免掉落和碰撞。

5. 对坐标系标定时，对每一个标定点要准确，不能出现______过大的情况。

二、选择题

1. 定义一个工具坐标系至少需要（　　）点。

A. 3 个　　B. 4 个　　C. 5 个　　D. 6 个

2. 工具坐标系一般采用 3 点法、4 点法或者（　　）进行标定。

A. 3 点法　　B. 4 点法　　C. 5 点法　　D. 6 点法

3. 定义工件坐标系时，如图 3-10 所示工件坐标系的 X 正方向是（　　）。

A. X2 点到 X1 点的方向　　B. X1 点到 X2 点的方向

C. X1 点到 Y1 点在 X1 和 X2 连线上的投影点的方向

D. Y1 点在 X1 和 X2 连线上

4. 定义工具坐标系时，不可添加（　　）设定工具的方向。

A. 延伸器点 X　　B. 延伸器点 Y

C. 延伸器点 Z　　D. 原点

5. 工件坐标系定义过程中，根据实际情况，无需对（　　）进行设定。

A. 工件坐标系的名称　　B. 工件的生产厂家

C. 工件数据的存储类型和所处模块　　D. 工件数据的初始值

三、判断题

1. 负载数据只能在手动操纵界面进行设置和修改。（　　）

2. 在测试 TCP 标定准确性时，如果 ABB 工业机器人围绕 TCP 点运动且运动方向与预设方向一致，则 TCP 标定成功。（　　）

3. 工件坐标系定义过程中，可根据实际需求对工件坐标系的名称、工件数据的范围、工件数据的存储类型和所处模块以及工件数据的初始值进行设定。（　　）

4. 操作工业机器人要求操作人员具有一定的专业知识和熟练的操作技能，在进行现场近距离操作时，不需要穿戴安全防护装备。 （　　）

5. 世界坐标系可定义工业机器人单元，其他坐标系均与世界坐标系有直接或间接关系。 （　　）

四、操作题

1. 工具坐标系的标定

① 操作工业机器人，利用工作台上所提供的标定辅助工具，选用 4 点法标定涂胶工具的工具坐标系。要求：工具坐标命名为 toolMe1；工具坐标 toolMe1 的 Z 轴正方向为涂胶工具的向内延伸方向，图 3-11 所示为工具坐标系的方向示意图；TCP 点为涂胶工具的笔尖；涂胶工具质量为 0.7kg。

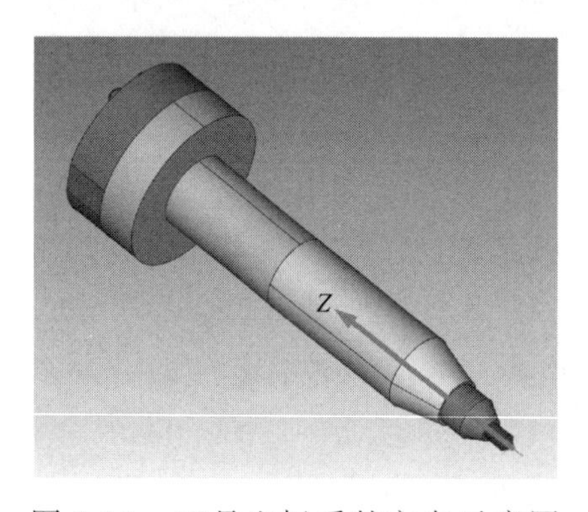

图 3-11　工具坐标系的方向示意图

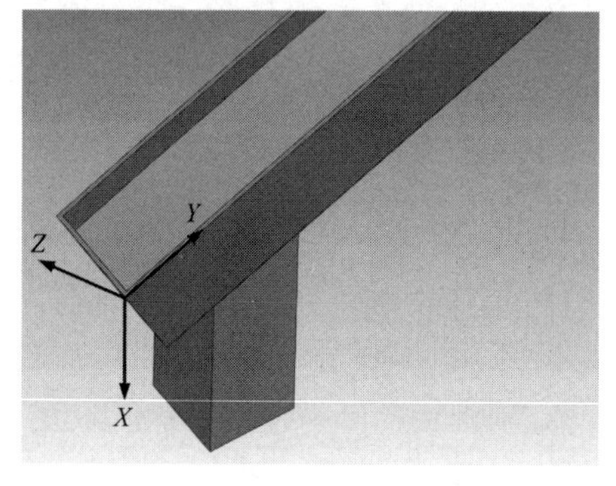

图 3-12　工件坐标系的方向示意图

② 选用并设定工业机器人的运动模式和坐标系，操纵工业机器人沿着工具坐标 toolMe1 的 Z 轴正向做线性运动，验证坐标系的标定结果。

③ 选用并设定工业机器人的运动模式和坐标系，操纵工业机器人分别绕 toolMe1 工具坐标的 X 轴、Y 轴、Z 轴做重定位运动，验证坐标系的标定结果。

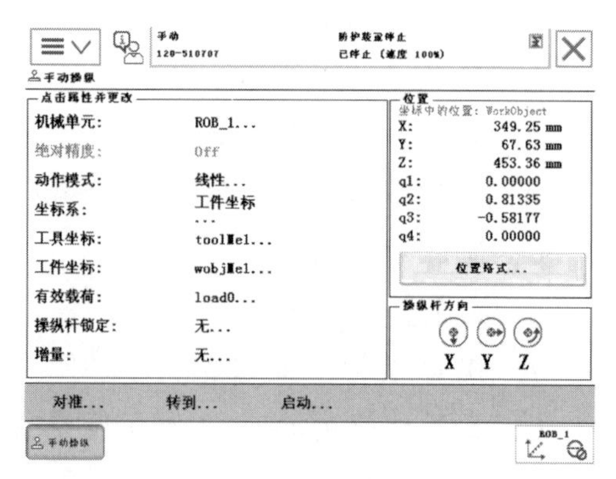

图 3-13　坐标系的更改示意图

2. 工件坐标系的标定

① 操作工业机器人使用 toolMe1，利用用户 3 点法完成对码垛平台 A 指定工件坐标系的标定操作。要求：工件坐标系命名为 wobjMe1，工件坐标系的方向示意图如图3-12 所示。

② 将标定好的工件坐标 wobjMe1 设置为当前工件坐标，将工业机器人移动的坐标系改为工件坐标（图 3-13）。按照工件坐标 wobjMe1 的三个方向移动工业机器人，以验证工件坐标的准确性。

任务四　工业机器人运行状态检测

【任务描述】

工业机器人在运行时，工业机器人示教器会显示工业机器人的当前状态，请在工业机器人示教器上查看工业机器人的控制柜和系统名称、手动操纵状态、操作模式、电机状态、程序状态、运行速度和机械单元状态，并记录。

【任务目标】

1. 会查看控制柜和系统名称。
2. 能检测手动操纵状态。
3. 能检测运行状态。
4. 培养学生对于职业的敬畏精神。

【任务准备】

一、工业机器人运行状态

工业机器人运行状态可以通过示教器进行查看，示教器显示来自系统的消息，这些消息可以是状态消息、错误消息、程序信息或来自用户的动作请求。

控制柜和系统名称是工业机器人 FlexPendant 配置属性之一，它包括三个选项：仅控制器名称（默认）、仅系统名称、控制器名称和系统名称二者。它可以通过“控制面板”→“示教器”→“控制器和系统名称”操作进行查看。

手动操作状态是手动操纵配置的属性，可以通过“点击属性并更改”设置，主要包括机械单元、绝对精度、动作模式、坐标系、工具坐标、工件坐标、有效载荷、操纵杆锁定和增量。

运行状态是工业机器人 FlexPendant 窗口显示的运行提示状态，主要包括操作模式、电机状态、程序状态、运行速度、机械单元状态等。

二、运行状态检测注意事项

运行参数检测的注意事项如下所述。

① 参数监测要求操作人员具有一定的专业知识和熟练的操作技能，在不了

解参数的具体作用下不要盲目操作，以防后续机器人运行时发生碰撞事故。

② 监测操作过程中，如果遇到其他报警信息，不要盲目操作，以防删除系统文件。

③ 示教器的交互界面为液晶显示屏，不要使用尖锐、锋利的工具操作示教器，以防划伤示教器的液晶显示屏。

【任务实施】

一、实施前检查

① 工作服、安全鞋、安全帽。

② 工业机器人（本体、控制柜、示教器）。

③ 干净的擦机布。

二、控制柜和系统名称查看

控制柜和系统名称查看的操作步骤见表3-13。

表3-13　控制柜和系统名称查看的操作步骤

序号	操作步骤/图示	序号	操作步骤/图示
1	进入控制面板操作界面	3	选择“控制器和系统名称”选项，进入设置界面，可对具体显示选项进行设置
2	选择图示选项，进入示教器系统配置界面	4	状态栏中对应位置有右图所示三种显示状态可选，完成设置后点击“确定”，完成设置

续表

序号	操作步骤/图示	序号	操作步骤/图示
5	选择“仅控制器名称(默认)”，显示“120-507477” 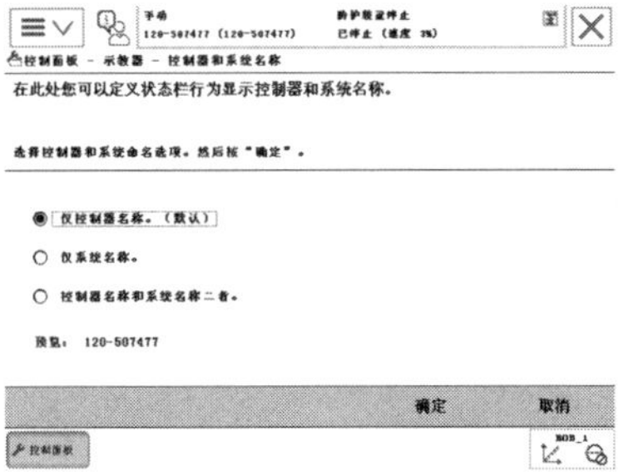	7	选择“控制器名称和系统名称二者”，显示“120-507477(120-507477)”。 点击“确定” 
6	选择“仅系统名称”，显示“120-507477” 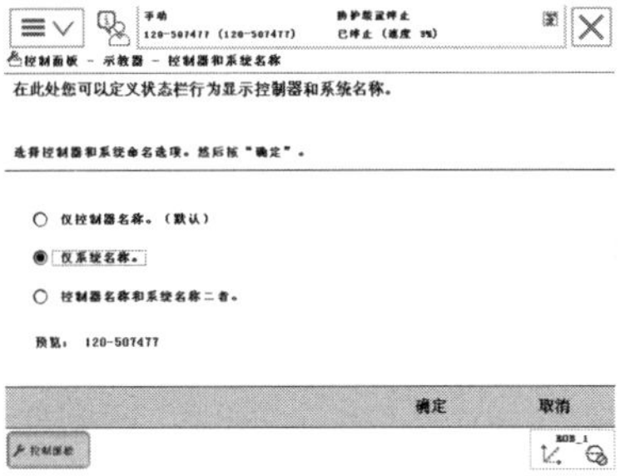	8	返回至上一级菜单 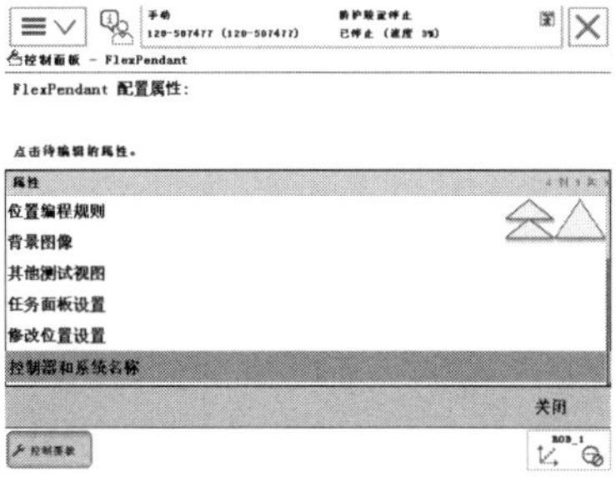

三、手动操纵状态检测

手动操纵状态查看操作步骤见表 3-14。

表 3-14　手动操纵状态查看操作步骤

序号	操作步骤/图示	序号	操作步骤/图示
1	在示教器启动首页，点击菜单 	2	点击“手动操纵” 

续表

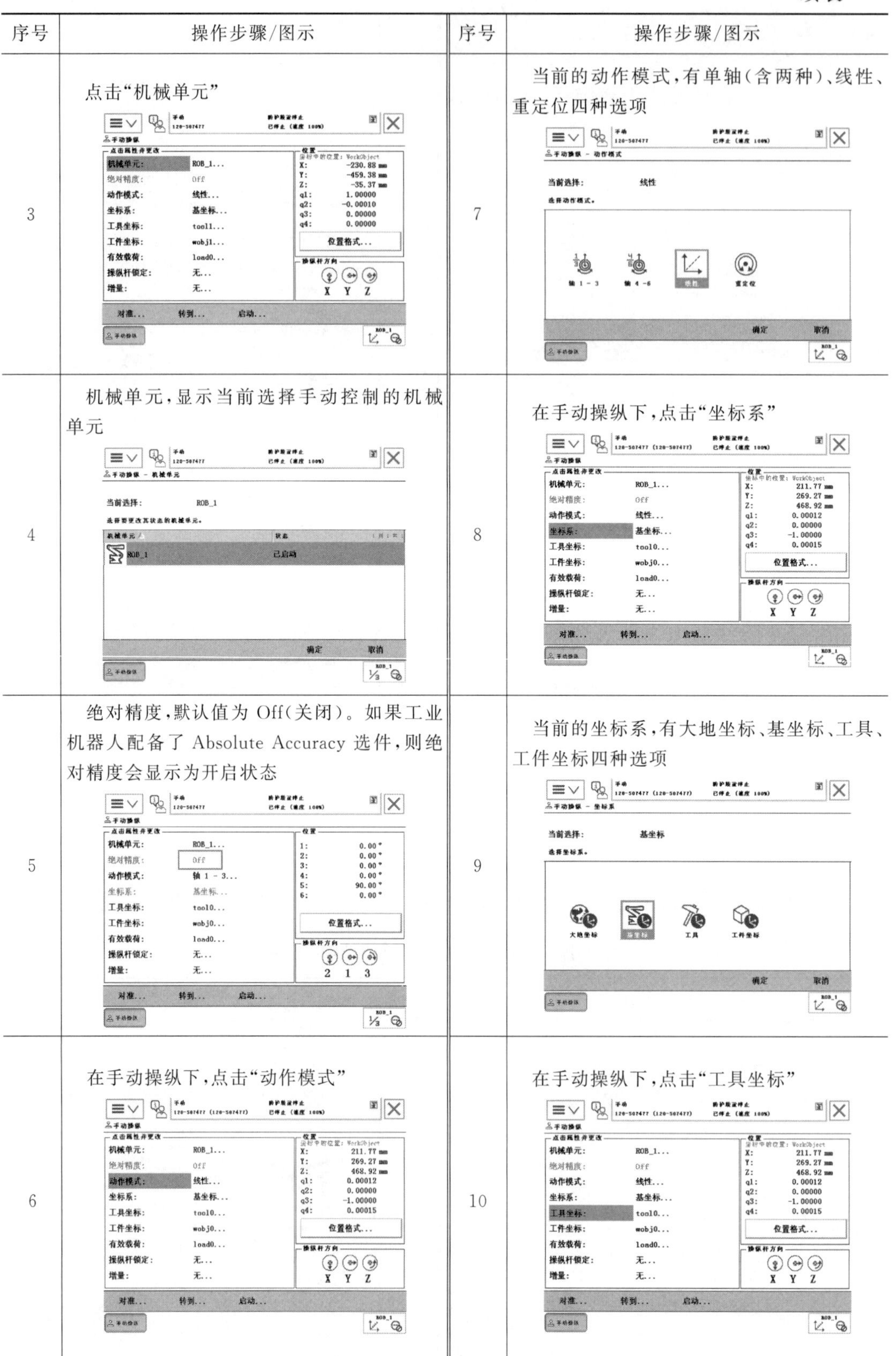

序号	操作步骤/图示	序号	操作步骤/图示
3	点击“机械单元”	7	当前的动作模式，有单轴（含两种）、线性、重定位四种选项
4	机械单元，显示当前选择手动控制的机械单元	8	在手动操纵下，点击“坐标系”
5	绝对精度，默认值为 Off（关闭）。如果工业机器人配备了 Absolute Accuracy 选件，则绝对精度会显示为开启状态	9	当前的坐标系，有大地坐标、基坐标、工具、工件坐标四种选项
6	在手动操纵下，点击“动作模式”	10	在手动操纵下，点击“工具坐标”

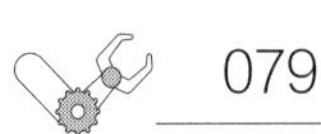

续表

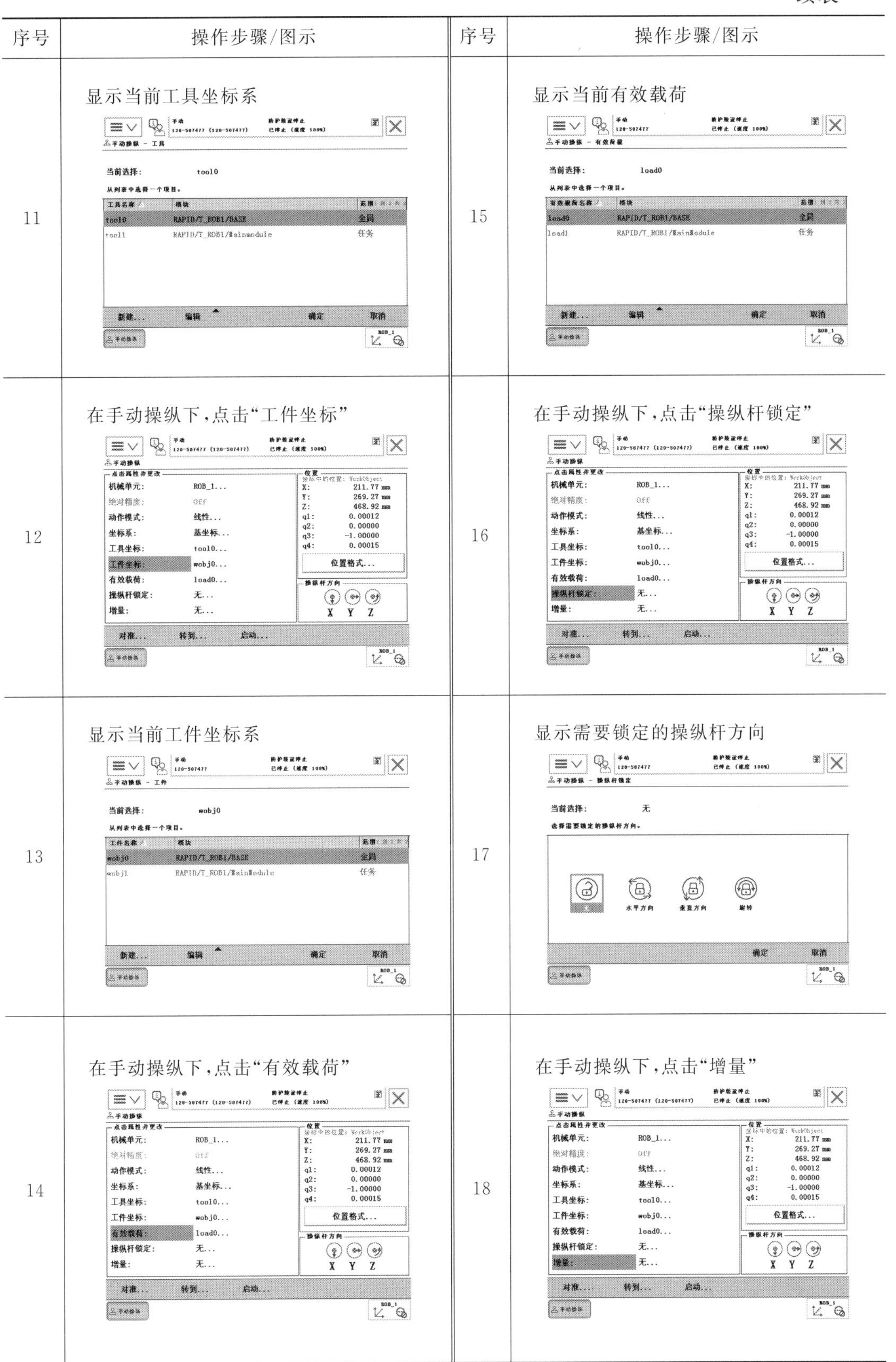

序号	操作步骤/图示	序号	操作步骤/图示
11	显示当前工具坐标系	15	显示当前有效载荷
12	在手动操纵下，点击“工件坐标”	16	在手动操纵下，点击“操纵杆锁定”
13	显示当前工件坐标系	17	显示需要锁定的操纵杆方向
14	在手动操纵下，点击“有效载荷”	18	在手动操纵下，点击“增量”

续表

序号	操作步骤/图示
19	显示当前选择的增量模式 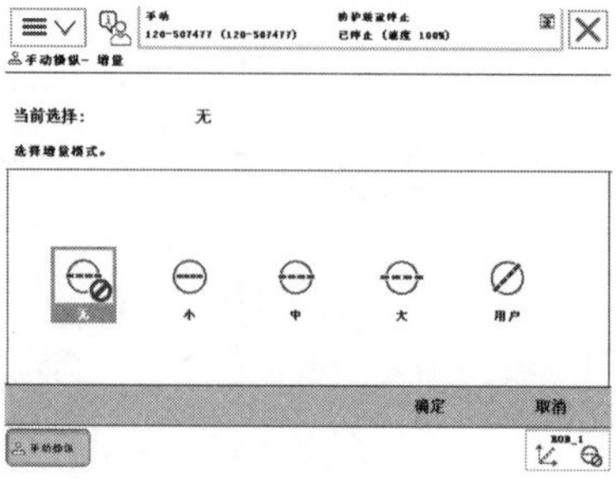 手动操纵 - 增量 当前选择： 无 选择增量模式。 无 小 中 大 用户 确定 取消

四、运行状态检测

具体运行状态见表 3-15。

表 3-15　具体运行状态

序号	项目	状态名称	图示
1	操作模式	手动模式状态	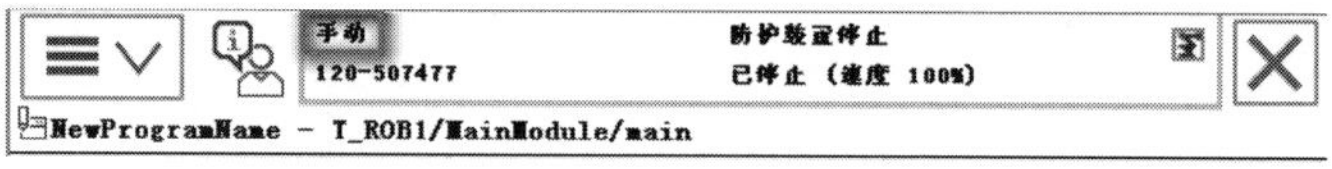 手动 120-507477 防护装置停止 已停止（速度 100%） NewProgramName - T_ROB1/MainModule/main
		自动模式状态	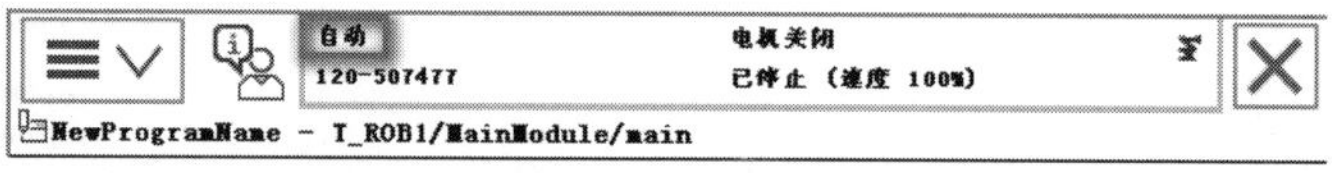 自动 120-507477 电机关闭 已停止（速度 100%） NewProgramName - T_ROB1/MainModule/main
2	电机状态	电机开启状态	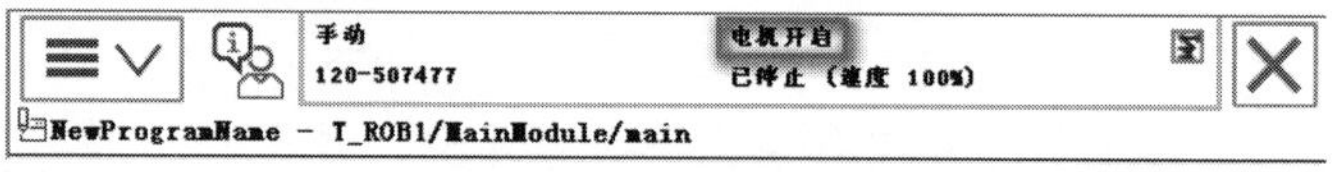 手动 120-507477 电机开启 已停止（速度 100%） NewProgramName - T_ROB1/MainModule/main
		防护装置停止状态	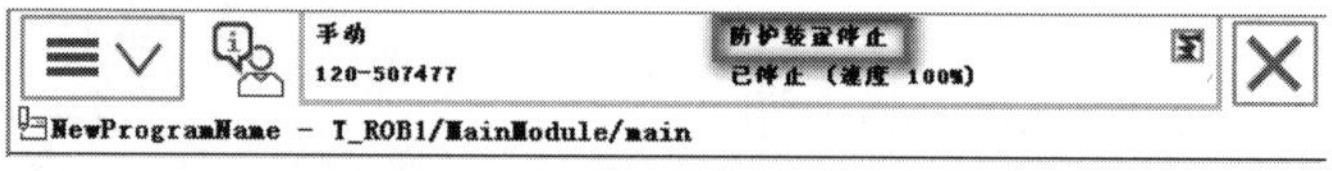 手动 120-507477 防护装置停止 已停止（速度 100%） NewProgramName - T_ROB1/MainModule/main
3	程序状态	程序“正在运行”状态	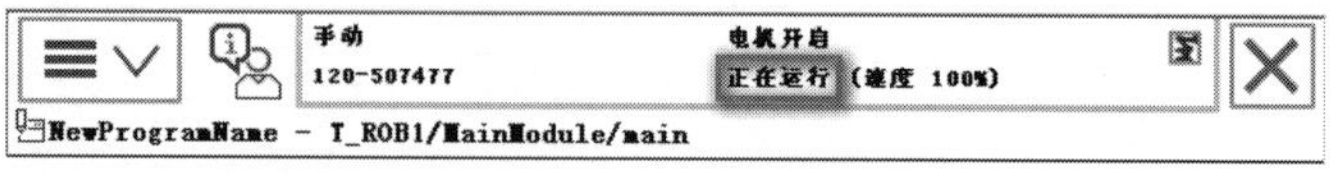 手动 120-507477 电机开启 正在运行（速度 100%） NewProgramName - T_ROB1/MainModule/main
		程序停止“状态”	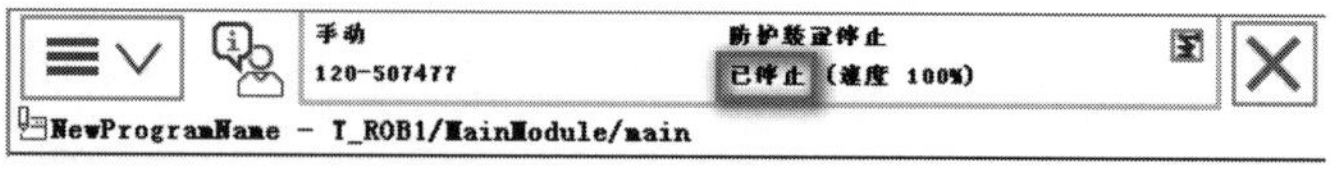 手动 120-507477 防护装置停止 已停止（速度 100%） NewProgramName - T_ROB1/MainModule/main

续表

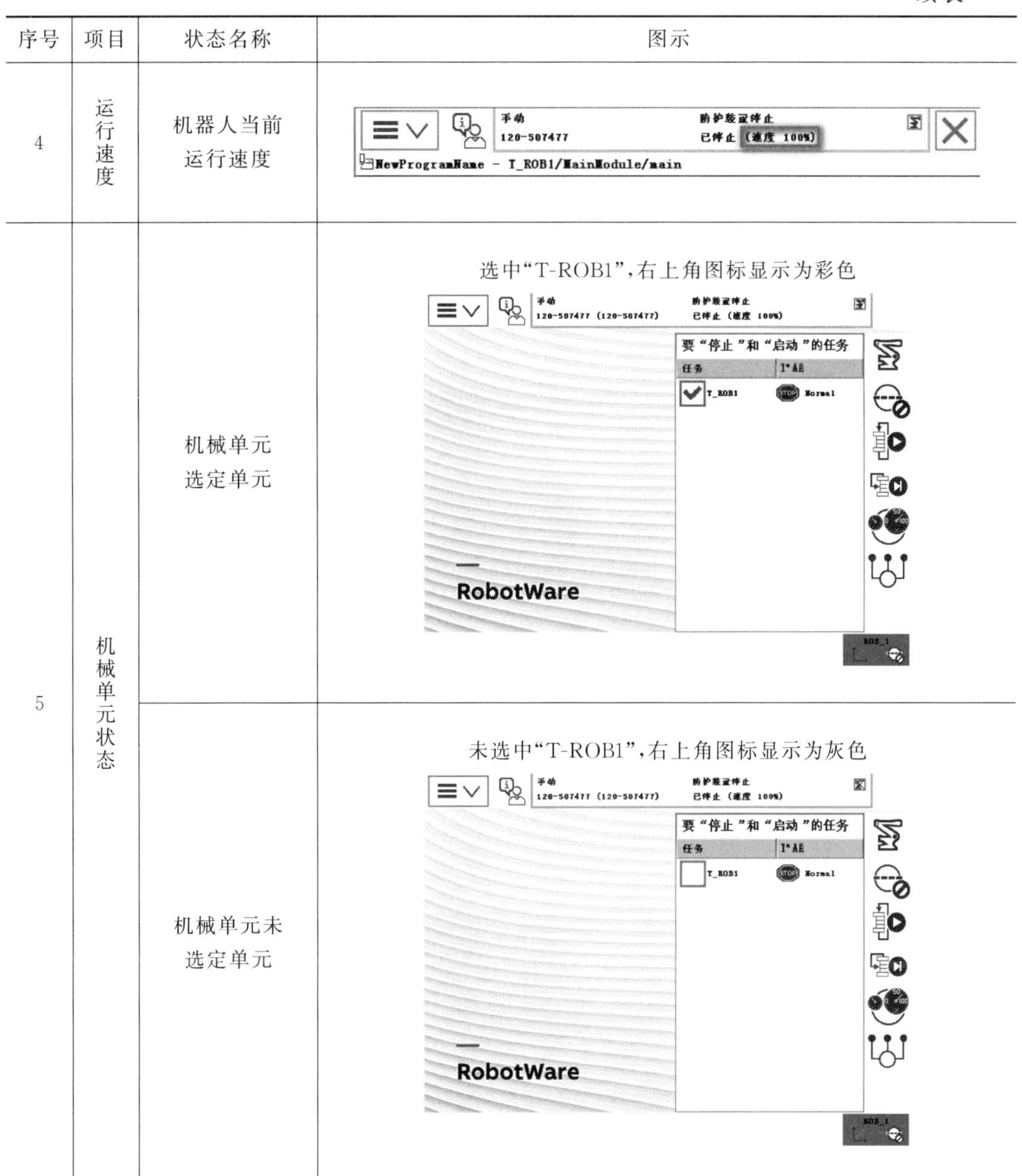

序号	项目	状态名称	图示
4	运行速度	机器人当前运行速度	手动 120-507477 防护装置停止 已停止（速度 100%） NewProgramName - T_ROB1/MainModule/main
5	机械单元状态	机械单元选定单元	选中“T-ROB1”，右上角图标显示为彩色
		机械单元未选定单元	未选中“T-ROB1”，右上角图标显示为灰色

【任务小结】

1. 控制柜和系统名称显示形式：①单独显示控制柜名字；②单独显示系统名字；③同时显示控制柜和系统名字。

2. 可以查看的手动操纵状态：①机械单元；②是否开启绝对精度；③动作模式；④工具坐标、工件坐标、有效载荷；⑤操作杆是否锁定及锁定方向；⑥增量是否打开及增量大小。

3. 可以查看的运行状态：①操作模式；②电机状态；③程序状态；④运行速度；⑤机械单元状态。

学习笔记：

班级：__________ 学号：__________ 姓名：__________ 日期：__________

【任务测评】

在线测试

一、填空题

1. 动作模式有：单轴、__________和重定位三种。

2. 机器人手动状态下电机未开启是__________状态。

3. 机器人手动状态下正确按下使能键是__________状态。

4. 控制器和__________名称可以同时显示。

5. 增量选项模式有：无、__________、中、大。

二、选择题

1. 当机器人系统配置了（　　）选项，则绝对精度为开启状态。

A. DeviceNet

B. Master/Slave

C. Absolute Accuracy

D. Robot Motion

2. 当动作模式选择为（　　）时，机器人可以沿着 X、Y、Z 轴做线性运动。

A. 轴 1-3　　B. 轴 4-6　　C. 线性　　D. 重定位

3. 工业机器人全速启动时，机器人速度显示（　　）。

A. 95%　　B. 70%　　C. 100%　　D. 50%

4. 程序并未开始运行，程序状态显示为（　　）。

A. 已停止

B. 正在运行

C. 程序运行

D. 程序停止

5. 工业机器人在（　　）动作模式下，操纵杆方向控制轴 1-3。

A. 轴 1-3　　B. 轴 4-6　　C. 线性　　D. 重定位

三、判断题

1. 增量模式下，工业机器人可以选择当前动作模式。（　　）

2. 工具坐标下可以选择工业机器人当前工件坐标。（　　）

3. 工件坐标下可以选择工业机器人当前工件坐标。（　　）

4. 电机状态显示防护装置停止，表示当前机器人手动状态下未按使能键。（　　）

5. 电机状态显示电机关闭，表示当前机器人自动模式下电机未开启。（ ）

四、操作题

1. 查看工业机器人当前的运行状态。操作完成后，写出手动/自动情况下，查看电机状态的操作步骤。

2. 查看工业机器人当前动作模式。操作完成后，写出操作步骤，记录显示的动作模式，并确认当前动作模式是何种模式。

3. 操作示教器使工业机器人程序在自动模式下运行。操作完成后，写出操作步骤。

项目四　工业机器人示教器编程

【知识与能力目标】

1. 知晓工业机器人编程指令 MoveAbsJ、MoveJ、MoveL、MoveC 和 FOR 的指令格式和使用。

2. 能识读和运行工业机器人的升国旗主程序和挥舞国旗子程序。

3. 能调用和运行工业机器人挥舞国旗用子程序。

4. 了解工业机器人编程指令 Set、Reset、Offs 和 WaitTime 等指令的格式和使用。

5. 能识读和运行工业机器人拾取工具和码垛子程序。

6. 能调试和运行工业机器人搬运码垛样例程序的能力。

7. 能配置工业机器人输出控制信号。

8. 能识读和运行工业机器人取放吸盘和取放芯片子程序。

9. 能调试与运行工业机器人芯片安装程序。

【思政与职业素养目标】

1. 激发学生的自强意识和爱国情怀。

2. 培养学生努力学习、克服困难、自立自强的精神。

3. 激发学生运用所学知识解决实际问题的信心。

4. 增强学生未来从事职业的信心和责任。

5. 强化学生的专业技能训练，提升学生未来的实际工作能力。

【项目描述】

本项目围绕工业机器人调试岗位的职责和企业实际生产中的程序调试与运行的工作内容，设置了丰富的实训任务，以工业机器人挥舞国旗、工业机器人搬运码垛和工业机器人装配芯片任务为引导，培养学生使用示教器编程、调试和运行操作的能力。

工业机器人示教器编程项目拆分如下。

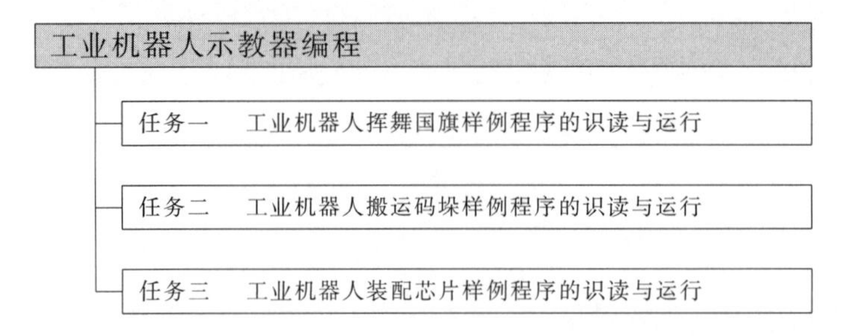

任务一　工业机器人挥舞国旗样例程序的识读与运行

【任务描述】

工作站的工业机器人已经导入了挥舞国旗样例程序。需要学生先手动检查工业机器人的运行轨迹点位，必要时对挥舞国旗的运动轨迹点位进行修改。在手动运行调试正常后，再自动运行挥舞国旗样例程序。

【任务目标】

1. 能识读与运行工业机器人升国旗主程序。
2. 能识读与运行工业机器人挥舞国旗程序。
3. 能自动运行工业机器人挥舞国旗程序。
4. 激发学生的自强意识和爱国情怀。

【任务准备】

一、挥舞国旗的轨迹设计

工业机器人挥舞国旗的轨迹设计如图 4-1 所示。挥舞国旗的轨迹动作顺序设计如下：

① 设计初始位置 pHome 点；

② 挥舞时先移动到 pHigh 点；

③ 然后移动到 pLeft 点；

④ 再经过 pHigh 移动到 pRight；

⑤ 接着在 pRight—pHigh—pLeft 之间循环往复运动。

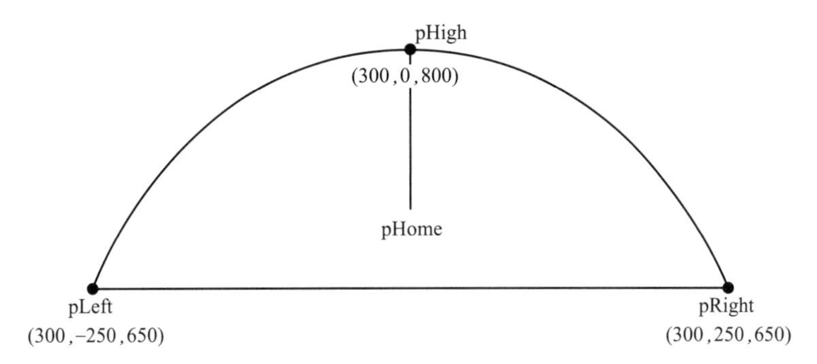

图 4-1　挥舞国旗运行轨迹

二、 MainModel 模块编程指令的应用

挥舞国旗程序设计在 MainModel 模块中编写，编写中涉及的编程指令有 MoveAbsJ、MoveJ、MoveL、MoveC、FOR 等。

1. 绝对位置运动指令（MoveAbsJ）

该指令使机器人以单轴运行的方式运动至目标点，绝对不存在死点，机器人的运动状态完全不可控，应避免在正常生产中使用此指令，该指令常用于检查机器人的零点位置，指令中 TCP 与 Wobj 只与运行速度有关，而与运动位置无关。示例如下：

```
MoveAbsJ pHome \ NoEOffs, v500, fine, tool0; //机械手绝对位置运动到 pHome 点
```

MoveAbsJ 示例指令参数的含义如表 4-1 所示。

表 4-1　MoveAbsJ 示例指令参数的含义

参数	含义	数据类型
pHome	目标点	jointtarget
\NoEOffs	外轴偏差开关	switch
v500	运行速度数据(mm/s)	speeddata
fine	精确到达目标点	
tool0	当前指令使用的工具坐标	tooldata

2. 关节运动指令（MoveJ）

该指令使机器人以最快捷的方式运动至目标点，机器人运动状态不完全可控，但运动路径保持唯一，常用于使机器人在空间大范围移动。示例如下：

```
MoveJ pHigh, v500, z0, tool0; //机械手关节运动到 pHigh 点
```

MoveJ 示例指令参数的含义如表 4-2 所示。

表 4-2 MoveJ 示例指令参数的含义

参数	含义	数据类型
pHigh	目标点	robtarget
v500	运行速度数据(mm/s)	speeddata
z0	指定转角到达目标点(mm)	num
tool0	当前指令使用的工具坐标	tooldata

3. 直线运动指令（MoveL）

该指令使机器人以线性移动方式运动至目标点。当前点与目标点这两点决定一条直线，机器人运动状态可控，运动路径保持唯一，可能出现死点，常用于机器人在工作状态下的移动。示例如下：

```
MoveL pHigh, v50, z0, tool0; //机械手直线运动到 pHigh 点
```

MoveL 示例指令参数的含义如表 4-3 所示。

表 4-3 MoveL 示例指令参数的含义

参数	含义	数据类型
pHigh	目标点	robtarget
v50	运行速度数据(mm/s)	speeddata
z0	指定转角到达目标点(mm)	num
tool0	当前指令使用的工具坐标	tooldata

4. 圆弧运动指令（MoveC）

该指令使机器人通过中间点以圆弧移动方式运动至目标点，当前点、中间点与目标点这三点决定一段圆弧，机器人运动状态可控，运动路径保持唯一，常用于机器人在工作状态下的移动。示例如下：

```
MoveC pHigh, pRight, v600, z0, tool0; //机械手从当前位置经 pHigh 点到 pRight 点
```

MoveC 示例指令参数的含义如表 4-4 所示。

表 4-4 MoveC 示例指令参数的含义

参数	含义	数据类型
pHigh	中间点(指令中第一个点)	robtarget
pRight	目标点(指令中第二个点)	robtarget
v600	运行速度数据(mm/s)	speeddata
z0	指定转角到达目标点(mm)	num
tool0	当前指令使用的工具坐标	tooldata

圆弧由当前点、中间点、目标点这三点确定，中间点确定圆弧的曲率。

5. 重复执行判断指令（FOR）

该指令通过循环判断标识从初始值逐渐更改至最终值，从而控制程序相应

循环次数。如果不使用参变量［STEP］，则循环标识每次更改值为 1，如果使用参变量［STEP］，循环标识每次更改值为参变量相应设置。通常情况下，初始值、最终值与更改值为整数，循环判断标识使用 i、k、j 等小写字母。该指令是标准的机器人循环指令，常在通信口读写、数组数据赋值等数据处理时使用。示例如下：

```
FOR i FROM 1 TO 100 DO
    ……              //重复执行的指令
ENDFOR
```

FOR 示例指令参数的含义如表 4-5 所示。

表 4-5　FOR 示例指令参数的含义

参数	含义	数据类型
i	循环判断标识	num
1	初始值	num
100	最终值	num

该指令用于一个或多个指令需要重复执行数次的情况。

【任务实施】

一、实施前检查

① 工作服、安全鞋、安全帽。

② 工业机器人（本体、控制柜、示教器）。

③ 国旗、扎带、胶带、剪刀、干净的擦机布。

二、工业机器人升国旗程序的识读与运行

1. 识读升国旗程序

认真识读升国旗主程序，标定工业机器人升国旗轨迹点位 pHome 点和 pHigh 点，手动将国旗固定到工业机器人手臂上。拾取工具子程序如下。

```
PROC Main ()
    MoveAbsJ pHome \ NoEOffs, v500, fine, tool0;        //机械手先回到 pHome 点
    MoveL pHigh, v50, z0, tool0;                        //国旗从 pHome 点升到 pHigh 点
ENDPROC
```

2. 升国旗轨迹点位标定

升国旗程序轨迹点位标定参数的含义如表 4-6 所示。工业机器人 pHome 点位数据类型设置为 jointtarget，各轴角度分别为（0,0,0,0,－900,0）；pHigh

点位数据类型设置为robtarget，调整位置参数pHigh=(300,0,800)。

表4-6 升国旗轨迹点位标定参数的含义

参数	含义	数据类型
pHome	Home点位置(升国旗起点)	jointtarget
pHigh	High点位置(升国旗顶点)	robtarget

3. 通过示教器输入升国旗程序

通过示教器输入工业机器人升国旗程序，如图4-2所示。将程序写入到机器人的控制器上，并手动调试工业机器人升国旗程序。

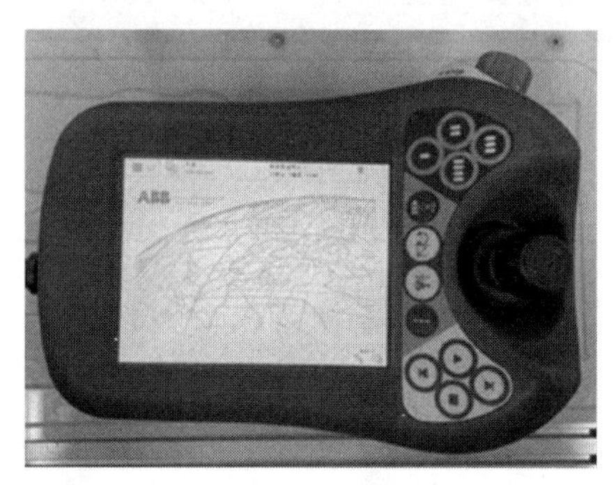

图4-2 示教器输入升国旗程序

4. 手动运行升国旗程序

在手动运行升国旗程序时，工业机器人执行步骤如下。

① 工业机器人先回到Home点；

② 国旗从pHome点升到pHigh点。

三、工业机器人挥舞国旗程序的识读与运行

1. 识读工业机器人挥舞国旗程序

认真识读挥舞国旗程序，标定工业机器人升国旗轨迹点位pHome点和pHigh点，并手动将国旗固定到工业机器人手臂上。拾取工具子程序如下。

```
PROC Main ()
     MoveAbsJ pHome \ NoEOffs, v500, fine, tool0; //机械手先回到pHome点
     MoveL pHigh, v50, z0, tool0;                 //国旗从pHome点升到pHigh点
     MoveJ pLeft, v500, z0, tool0;                //国旗从pHigh点挥舞到pLeft点
       FOR i FROM 1 TO 100 DO
         MoveC pHigh, pRight, v500, z0, tool0; //从pLeft点经pHigh点到pRight点
         MoveC pHigh, pLeft, v500, z0, tool0; //从pRight点经pHigh点到pLeft点
       ENDFOR
```

```
    MoveJ pHigh, v500, z0, tool0;              //国旗从 pLeft 点挥舞到 pHigh 点
    MoveAbsJ pHome\NoEOffs, v50, fine, tool0; //国旗从 pHigh 点回到 pHome 点
ENDPROC
```

2. 工业机器人挥舞国旗轨迹点位标定

挥舞国旗程序轨迹点位标定如表 4-7 所示。

表 4-7　挥舞国旗轨迹点位标定

参数	含义	数据类型
pHome	Home 点位置(升国旗起点)	robtarget
pHigh	High 点位置(升国旗顶点)	robtarget
pLeft	Left 点位置(挥舞国旗左点)	robtarget
pRight	Right 点位置(挥舞国旗右点)	robtarget

3. 通过电脑输入工业机器人升国旗程序

通过电脑输入工业机器人升国旗程序有 2 种方法。一种方法是用 RobotStudio 仿真软件输入程序，图 4-3 所示为 RobotStudio 仿真软件输入法，在电脑输入工业机器人升国旗程序，并可以通过以太网将程序直接下载到机器人的控制器。另一种方法是用文本编辑器输入程序，图 4-4 所示为电脑文本编辑器输入法，在电脑输入工业机器人升国旗程序，以 .mod 为后缀保存，可以用 U 盘备份，并通过示教器将程序导入到工业机器人的控制器。

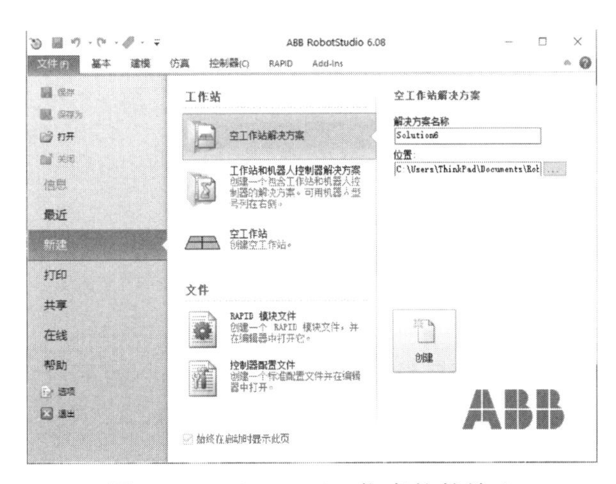

图 4-3　RobotStudio 仿真软件输入

4. 工业机器人挥舞国旗的点位设置

工业机器人挥舞国旗的点位设置有：初始位置是 pHome 点；最高位置是 pHigh 点；最左边的位置是 pLeft 点；最右边的位置是 pRight 点。

新建左右点位 pLeft 和 pRight，必要时对挥舞国旗的运动轨迹点位进行修

图 4-4　文本编辑器输入

改，图 4-5 所示为左右点位 pLeft 和 pRight 设置界面，调整左右位置 pLeft＝(300，－250，650)、pRight＝(300，250，650)。具体操作步骤如下：

① 点击菜单→点击“程序数据”→点击“robtarget”；

② 把机器人从中间点“pHigh”移到左边“pLeft”点；

③ 点击“新建”→修改名称为“pLeft”→点击“确定”→再点击“确定”；

④ 双击数据，修改 X＝300、Y＝－250、Z＝650 数值→点击“确定”；

⑤ 然后再把机器人位置移到右边“pRight”点；

⑥ 再点击“新建”→修改名称为“pRight”→点击“确定”→再点击“确定”；

⑦ 双击数据，修改 X＝300、Y＝250、Z＝650 数值→点击“确定”；

⑧ 机器人左边和右边的点位设置完成。

5. 手动运行工业机器人挥舞国旗程序

在手动运行升国旗程序时，工业机器人执行步骤如下：

① 工业机器人先回到 pHome 点；

② 工业机器人高举国旗从 pHome 点升到 pHigh 点；

③ 工业机器人挥舞国旗从 pHigh 点到 pLeft 点；

④ 工业机器人挥舞国旗从 pLeft 点经 pHigh 点到 pRight 点；

⑤ 工业机器人挥舞国旗从 pRight 点经 pHigh 点到 pLeft 点；

⑥ 工业机器人重复第④和第⑤步挥舞国旗 100 次；

⑦ 工业机器人挥舞国旗从 pLeft 点挥舞到 pHigh 点；

⑧ 工业机器人高举国旗从 pHigh 点回到 pHome 点。

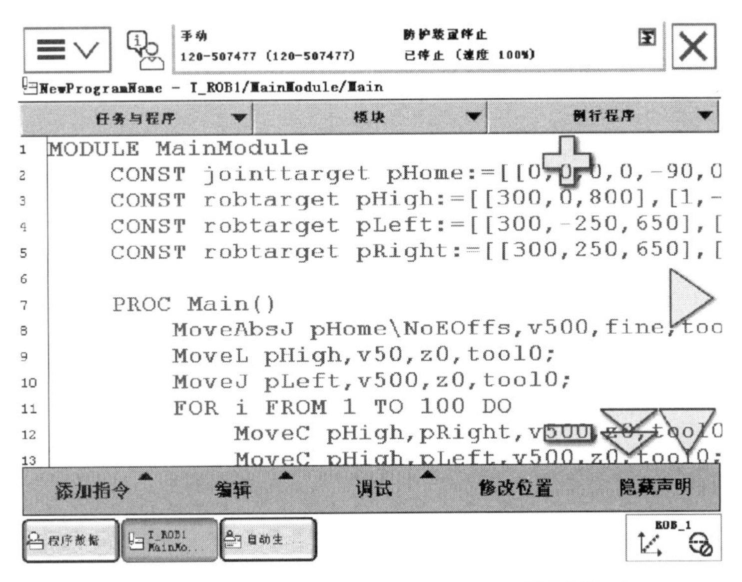

图 4-5 左右点位 pLeft 和 pRight 设置界面

四、工业机器人挥舞国旗程序的自动运行

当导入工业机器人挥舞国旗样例程序后，需要进行工业机器人运行轨迹点位的手动确认，以检查运行轨迹点位是否有明显错误。在手动运行程序时，一定要把工业机器人的运行速率设置为低速（如 10%）。如果在手动示教工业机器人的过程中有干涉、碰撞等现象，一定要立即停机，并重新示教运行轨迹点位，避免工业机器人的运行轨迹干涉零部件。

在调试运行过程中，可以对工业机器人挥舞国旗不合适的点位进行修改。在手动运行调试确认无误后，方可自动运行程序。

自动运行要求：程序必须要先手动调试运行正常后，才可以在自动状态下进行运行展示。启动工业机器人使其自动运行，应先在低速情况下完成一个工作循环之后，再逐渐加快工业机器人的运行速度，最终达到全速。

【任务小结】

1. 工业机器人编程指令的应用：

① 绝对位置运动指令（MoveAbsJ）；

② 关节运动指令（MoveJ）；

③ 直线运动指令（MoveL）；

④ 圆弧运动指令（MoveC）；

⑤ 重复执行判断指令（FOR）。

2. 挥舞国旗轨迹点位标定方法：

① 新建左右点位 pLeft 和 pRight；

② 修改轨迹点位 pLeft 和 pRight。

3. 样例程序的输入方式：

① 示教器输入；

② 文本编辑器输入；

③ RobotStudio 仿真软件输入。

4. 样例程序识读与运行：

① 升国旗程序识读与运行；

② 挥舞国旗程序识读与运行；

③ 挥舞国旗样例程序自动运行。

学习笔记：

班级：__________ 学号：__________ 姓名：__________ 日期：__________

【任务测评】

在线测试

一、填空题

1. MoveAbsJ 是一个__________指令，使机器人以单轴运行的方式运动至目标点，常用于检查机器人零点位置。

2. MoveJ 是一个__________指令，使机器人以最快捷的方式运动至目标点，机器人运动状态不完全可控，但运动路径保持唯一，常用于机器人在空间大范围移动。

3. MoveL 是一个直线运动指令，使机器人以__________方式运动至目标点，当前点与目标点这两点决定一条直线。

4. MoveC 是一个圆弧运动指令，使机器人通过中间点以__________方式运动至目标点，当前点、中间点与目标点这三点决定一段圆弧，机器人运动状态可控。

5. FOR 是一个重复执行判断指令，通过__________从初始值逐渐更改至最终值，从而控制程序的相应循环次数。

二、选择题

1. 执行这段 FOR 循环指令后，工业机器人左右挥舞往返次数是（　　）。

```
FOR i FROM 50 TO 101 DO
    MoveC pHigh, pRight, v500, z0, tool0; //从 pLeft 点经 pHigh 点到 pRight 点
    MoveC pHigh, pLeft, v500, z0, tool0; //从 pRight 点经 pHigh 点到 pLeft 点
ENDFOR
```

A. 50 次　　B. 51 次　　C. 101 次　　D. 151 次

2. 绝对位置运动指令能使工业机器人以（　　）的方式运动至目标点，绝对不存在死点。

A. 单轴运行　　B. 最快捷　　C. 线性移动　　D. 圆弧移动

3. 工业机器人运动指令 MoveC 是（　　）。

A. 关节运动　　B. 圆周运动　　C. 圆弧运动　　D. 直线运动

4. 工业机器人运动指令 MoveJ 是（　　）。

A. 直线运动　　B. 关节运动　　C. 圆弧运动　　D. 圆周运动

5. 工业机器人运动指令 MoveL 是（　　）。

A. 曲线运动　　B. 关节运动　　C. 圆弧运动　　D. 直线运动

三、判断题

1. 运行程序“MoveC pHigh，pRight，v600，z0，tool0;”时，其运行

速度为600cm/s。（　）

2. 在实际应用时，希望机器人完成动作的时间最优、机器人所消耗的能量最少或者功率最大。（　）

3. 工业机器人以绝对位置运动指令（MoveAbsJ）运动至目标点，该目标点的数据类型是jointtarget。（　）

4. MoveJ指令能使机器人以最快捷的方式运动至目标点，机器人运动状态不完全可控，但运动路径保持唯一，常用于机器人在空间大范围移动。（　）

5. 绝对位置运动指令是MoveJ。（　）

四、操作题

1. 通过示教器输入工业机器人挥舞国旗程序。修改工业机器人挥舞国旗的点位设置：最高位置pHigh＝(300，0，700)；最左边的位置pLeft＝(300，－200，650)；最右边的位置pRight＝(300，200，650)。试写出工业机器人挥舞国旗样例程序。

2. 完成工业机器人挥舞国旗的手动运行调试。程序必须要先在手动状态下运行调试正常后，才可以切换到在自动状态下进行运行。记录手动运行调试情况。

3. 启动工业机器人，使其自动运行，在低速情况下完成一个工作循环之后，逐渐加快工业机器人的运行速度，最终达到全速。记录自动运行调试情况。

任务二　工业机器人搬运码垛样例程序的识读与运行

【任务描述】

工作站的工业机器人已经导入了搬运码垛样例程序。需要学生先手动操作工业机器人搬运码垛；检查工业机器人的运行轨迹点位，必要时对搬运码垛的运动轨迹点位进行修改；在手动运行调试正常后，再自动运行搬运码垛样例程序。

【任务目标】

1. 能识读与运行工业机器人拾取工具子程序。
2. 能识读与运行工业机器人码垛程序。
3. 能识读与运行工业机器人搬运码垛样例程序。
4. 培养学生乐于探索的思维意识。

【任务准备】

一、 MaChai模块编程指令的应用

搬运码垛程序编写在MaChai模块中，编写中使用了子程序功能调用，编写中涉及的编程指令有Set、Reset、Offs、RelTool、WaitTime等。

1. 输出控制指令（Set、Reset、InvertDO）

输出控制指令用来定义DO点的输出状态，输出状态可为ON（1）、OFF（0）或将现行状态取反。函数命令的编程格式如下：

```
Set Signal;
ReSet Signal;
InvertDO Signal;
```

命令参数含义如表4-8所示。

表4-8　输出控制指令参数含义

参数	含义	数据类型
Signal	DO信号名称	signaldot

输出控制指令Set、Reset和InvertDO的编程示例如下。

```
Set do2;                    //do2 输出 ON
Reset do3;                  //do3 输出 OFF
InvertDO do4;               //do4 输出状态取反
```

2. 位置偏置函数（Offs）

位置偏置函数命令 Offs 可用来改变指定程序点的 XYZ 坐标值、定义新程序点或直接替代移动指令程序点。函数命令的编程格式如下：

```
Offs (Point, Xoffset, Yoffset, Zoffset)
```

命令参数含义如表 4-9 所示。

表 4-9 Offs 函数命令参数含义

参数	含义	数据类型
Point	指定程序点	robtarget
Xoffset	X 轴偏差量为 x(mm)	num
Yoffset	Y 轴偏差量为 y(mm)	num
Zoffset	Z 轴偏差量为 z(mm)	num

位置偏置函数命令 Offs 的编程示例如下。

示例 1：
```
p1: =Offs (p1, 0, 0, 100);                    //改变程序点的坐标值
```
示例 2：
```
p2: =Offs (p1, 0, 0, 100);                    //定义新程序点
```
示例 3：
```
MoveL Offs (p2, 0, 0, 100), v1000, z50, tool0; //替代移动指令程序点
```

3. 工具偏置函数（RelTool）

工具偏置函数命令 RelTool 可用来改变指定程序点的工具姿态、定义新程序点或直接替代移动指令程序点。函数命令的编程格式如下：

```
RelTool (Point, Dx, Dy, Dz [\Rx] [\Ry] [\Rz])
```

命令参数含义如表 4-10 所示。

表 4-10 RelTool 函数命令参数含义

参数	含义	数据类型
Point	指定程序点名称	robtarget
Dx	工具坐标原点的 X 偏移量(mm)	num
Dy	工具坐标原点的 Y 偏移量(mm)	num
Dz	工具坐标原点的 Z 偏移量(mm)	num
\Rx	工具绕 X 轴旋转的角度(°)	num
\Ry	工具绕 Y 轴旋转的角度(°)	num
\Rz	工具绕 Z 轴旋转的角度(°)	num

工具偏置函数命令 RelTool 的编程示例如下。

示例 1：
```
p1: =RelTool (p1, 0, 0, 100\Rx: =30);        //改变程序点的工具姿态
```

示例2：`p2：=RelTool (p1，0，0，100\Rx：=30)；      //定义新程序点`

示例3：`MoveL RelTool (p2，0，0，100\Rx：=30)，v1000，z50，tool0；//替代移动指令程序点`

4. 定时等待指令（WaitTime）

定时等待指令 WaitTime 可以直接通过程序暂停时间的设定，来控制程序的执行过程。命令的编程格式如下：

```
WaitTime [\InPos,] Time;
```

命令参数含义如表 4-11 所示。

表 4-11 WaitTime 指令参数含义

参数	含义	数据类型
InPos	移动到位	switch
Time	程序暂停(s)	num

定时等待指令 WaitTime 的编程示例如下。

```
MoveJ p1，v1000，z30，tool0;
WaitTime\Inpos，0;                    //暂停程序，等待机器人到位
SetDo do1，1;
WaitTime 0.5;                         //程序暂停 0.5s
```

5. 数组

在定义程序数据时，可以将同种类型、同种用途的数据存放在一个数据中，当调用该数据时需要写明索引号来指定调用的是该数据中的哪一个数据，这就是所谓的数组。在 RAPID 中，可以定义一维数组、二维数组以及三维数组。

例如定义一维数组：

VAR num numa{7}:=[1,2,3,4,5,6,7]

那么数据 numa{1}被赋值 1；numa{5}被赋值 5。

例如定义二维数组：

VAR num numb{2,3}:=[[2,3,4][5,6,7]]

那么数据 numb{1,1} 被赋值 2；numb{2,1} 被赋值 5。

二、工作台准备

在工业机器人平台上，将物料 1 放到码垛单元 A 平台上，此时码垛单元 B 平台无物料，平台初始状态如图 4-6 所示。工艺流程起始状态为工业机器人在 Home 点，工业机器人的 Home 点为第 5 轴 90°，其他轴为 0°。将夹爪工具摆放到工具支架上。

将 5 个物料任意放置在码垛单元平台 B 上，使夹爪工具能够正常操作。手动

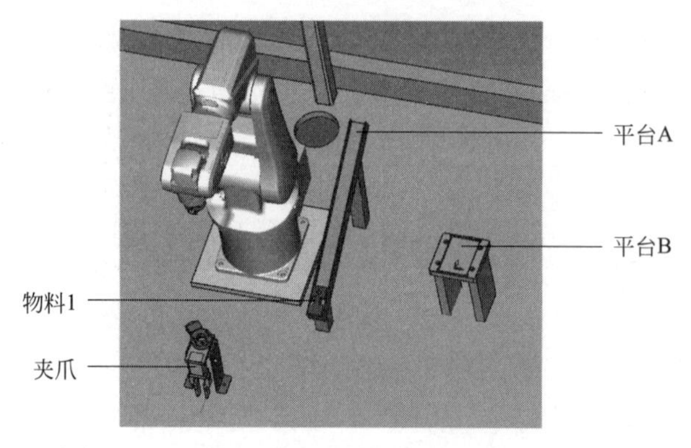

图 4-6　工业机器人码垛单元平台初始状态

操作工业机器人搬运码垛，将码垛单元平台 B 上的 5 个物料全部搬运到码垛单元 A 平台，使所有物料从码垛单元 A 平台上部依次滑下，使得 6 个物料排列整齐。

【任务实施】

一、实施前检查

① 工作服、安全鞋、安全帽。

② 工业机器人（本体、控制柜、示教器）、夹爪型末端工具、物料、平台 A、平台 B。

③ 干净的擦机布。

二、工业机器人拾取工具子程序的识读与运行

1. 识读拾取工具子程序

认真识读拾取工具子程序，配置并确认工业机器人的输出控制信号 HandChange _ Start 和 Grip，手动操作工业机器人，能够拾取夹爪工具，并能夹住物料。拾取工具子程序如下。

```
PROC GetTool ()    //拾取工具
        MoveAbsj Phome, v500, z30, tool0;
        Set HandChange _ Start;
        MoveL Offs (Gongju, 0, 0, 150), v500, fine, tool0;
        MoveL Gongju, v300, fine, tool0;
        Reset HandChange _ Start;
        Waittime 0.5;
        MoveL Offs (Gongju, 0, 0, 150), v500, fine, tool0;
        Reset Grip;
        MoveAbsj Phome, v500, z30, tool0;
ENDPROC
```

2. 输出控制信号配置

在拾取工具子程序中，工业机器人输出控制信号配置如表 4-12 所示。

表 4-12　工业机器人输出控制信号配置

参数	配置输出地址	数据类型
HandChange_Start	DO7	bool
Grip	DO4	bool

3. 拾取工具轨迹点位标定

拾取工具子程序轨迹点位标定如表 4-13 所示。

表 4-13　拾取工具轨迹点位标定

参数	含义	数据类型
Phome	Home 点位置	robtarget
Gongju	工具夹爪位置	robtarget
Offs(Gongju,0,0,150)	夹爪上方 150mm	robtarget

4. 手动状态运行拾取工具程序

在运行拾取工具程序时，工业机器人的运动轨迹如下：

① 工业机器人先回到 Home 点；

② 工业机器人释放手动切换；

③ 工业机器人直线移动到工具上方 150mm 处；

④ 工业机器人直线移动到工具精确位置；

⑤ 锁紧工具（复位手动切换），延时 0.5s；

⑥ 继续直线移动回到工具上方 150mm 处，并复位夹爪状态；

⑦ 工业机器人回到 Home 点，完成拾取工具任务。

三、工业机器人码垛子程序的识读与运行

1. 识读码垛子程序

认真识读码垛子程序，建立 robtarget 数据类型的一维数组 MaduoA 和 MaduoB，先配置码垛单元 A 的底部和上部点位 MaduoA {1} 和 MaduoA {2}，在配置码垛单元 B 的物料点位 MaduoB {1} ～MaduoB {6}，下层配置 MaduoB {1} ～MaduoB {3}，上层配置 MaduoB {4} ～MaduoB {6}。码垛子程序如下。

```
PROC Maduo ()    //码垛
        For i From 1 to 6 do
            MoveL Reltool (MaduoA {1}, 0, 0, -70), v500, fine, tool0;
```

```
            MoveL MaduoA {1}, v300, fine, tool0;
            Set Grip;
            Waittime 0.5;
            MoveL Reltool (MaduoA {1}, 0, 0, -70), v500, fine, tool0;
            MoveL Offs (MaduoB {i}, 0, 0, 70), v500, fine, tool0;
            MoveL MaduoB {i}, v300, fine, tool0;
            Reset Grip;
            Waittime 0.5;
            MoveL Offs (MaduoB {i}, 0, 0, 70), v500, fine, tool0;
        ENDFOR
    ENDPROC
```

2. 码垛垛型操作要求

工业机器人拾取工具后，运行码垛程序使工业机器人连续搬运码垛 6 次，每次都从码垛平台 A 底部取物料，并放置到码垛平台 B 指定的物料位置。具体垛型要求如图 4-7 所示。

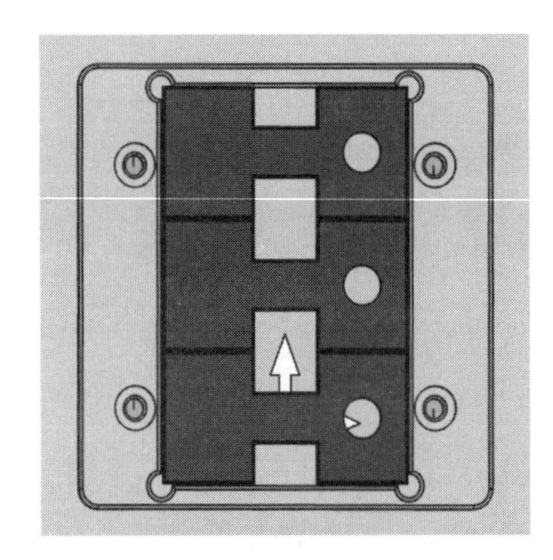
(a) 下层垛型

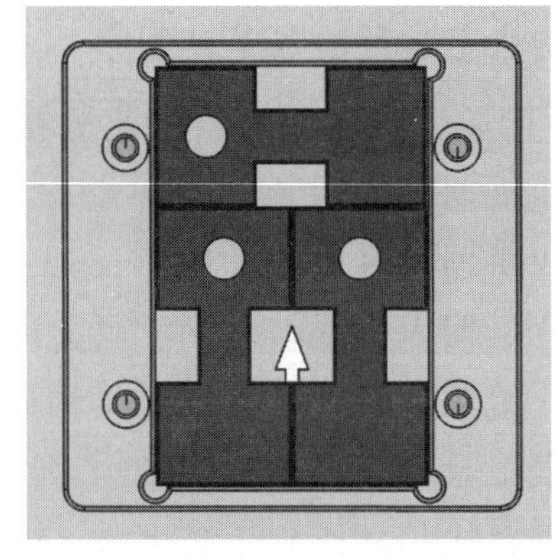
(b) 上层垛型

图 4-7 码垛平台 B 指定的物料位置

3. 码垛平台物料点位标定

程序中点位标定如表 4-14 所示。

表 4-14 码垛平台物料点位标定

参数	含义	数据类型
MaduoA{1}	码垛 A 取料点位名称	robtarget
Reltool(MaduoA{1},0,0,−70)	码垛 A 取料点工具坐标原点上方 70mm	robtarget
MaduoB{i}	码垛 B 放第 i 个放料点位名称，$i=1\sim6$	robtarget
Offs(MaduoB{i},0,0,70)	第 i 个放料点位工件坐标上方 70mm	robtarget

4. 码垛样例程序运行

手动运行工业机器人码垛样例程序，工业机器人将物料从码垛单元平台A的底部依次取出，并在码垛单元平台B上进行码垛。垛型与任务中的要求一致，直到完成6个物料的全部搬运码垛任务。

四、工业机器人搬运码垛样例程序的调试与运行

1. 手动运行放置工具子程序

认真识读放置工具子程序，手动运行工业机器人，并放置夹爪工具。放置工具子程序如下。

```
PROC PutTool ()    //放工具
      MoveAbsj Phome, v500, z30, tool0;
      MoveL Offs (Gongju, 0, 0, 150), v500, fine, tool0;
      MoveL Gongju, v300, fine, tool0;
      Set HandChange _ Start;
      Waittime 0.5;
      MoveL Offs (Gongju, 0, 0, 150), v500, fine, tool0;
      Reset HandChange _ Start;
      MoveAbsj Phome, v500, z30, tool0;
ENDPROC
```

在运行放回工具程序时，工业机器人的运动轨迹如下：

① 工业机器人先回到Home点；

② 工业机器人直线移动回到工具上方150mm处；

③ 工业机器人直线移动到工具精确位置；

④ 工业机器人释放手动切换，延时0.5s；

⑤ 工业机器人直线移动到工具上方150mm处；

⑥ 工业机器人复位手动切换（锁紧工具状态）；

⑦ 工业机器人回到Home点，完成放置工具任务。

2. 自动运行搬运码垛样例程序

认真识读搬运码垛主程序，手动将物料从平台B依次搬运到码垛平台A上部。在符合条件的情况下，自动运行工业机器人搬运码垛样例程序，具体如下。

```
PROC Main ()
      GetTool;              //拾取工具
      Maduo;                //搬运码垛样例程序
      PutTool;              //放回工具
ENDPROC
```

自动运行搬运码垛工艺流程的起始状态为工业机器人在 Home 点，夹爪工具摆放到工具支架上，6 个物料放置在码垛单元平台 A 上，自动运行搬运码垛过程如下：

① 工业机器人从 Home 点拾取夹爪工具，工业机器人返回到 Home 点；

② 工业机器人将码垛单元平台 A 上的所有物料搬运到码垛单元平台 B 上，放置垛型的顺序是先下层后上层；

③ 工业机器人回到 Home 点去放回夹爪工具，工业机器人返回到 Home 点。

【任务小结】

1. 工业机器人编程指令的应用：①输出控制指令（Set）；②输出控制指令（ReSet）；③位置偏置函数（Offs）；④工具偏置函数（RelTool）；⑤定时等待指令（WaitTime）。

2. 工业机器人输出控制信号配置：①手动切换信号（HandChange_Start）；②夹爪信号（Grip）。

3. 码垛平台点位标定：① Home 点位置（Phome）；② 工具点位（Gongju）；③码垛 A 取料和卸料点位（MaduoA {1}、MaduoA {2} ）；④码垛 B 放料点位（MaduoB {i}，i=1～6）。

4. 样例程序识读与运行：①搬运码垛操作；②拾取工具子程序识读与运行；③码垛子程序识读与运行；④放置工具子程序识读与运行；⑤搬运码垛样例程序运行。

学习笔记：

班级：__________ 学号：__________ 姓名：__________ 日期：__________

【任务测评】

在线测试

一、填空题

1. 输出控制指令__________将数字输出信号置为 1。

2. 输出控制指令__________用来定义 DO 点的输出状态，输出状态可为 OFF (0)。

3. 输出控制指令__________用来定义 DO 点的输出状态，将现行状态取反。

4. 定时等待指令__________可以直接通过程序暂停时间的设定，来控制程序的执行过程。

5. 在示例程序“p1：＝Offs (p1，0，0，100)；”中，数值 100 的单位是__________。

二、选择题

1. 在示例程序“p1：＝Offs (p1，0，0，100)；”中，位置偏置函数命令 Offs 的编程作用是（　　）。

A. 改变程序点的坐标值　　B. 定义新程序点
C. 替代移动指令程序点　　D. 改变了数据类型

2. 在示例程序“p2：＝Offs (p1，0，0，100)；”中，位置偏置函数命令 Offs 的编程作用是（　　）。

A. 改变程序点的坐标值　　B. 定义新程序点
C. 替代移动指令程序点　　D. 改变了数据类型

3. 在示例程序“p1：＝RelTool (p1，0，0，100 \ Rx：＝30)；”中，工具偏置函数命令 RelTool 的编程作用是（　　）。

A. 改变程序点的坐标值　　B. 定义新程序点
C. 替代移动指令程序点　　D. 改变程序点的工具姿态

4. 在输出控制指令 InvertDO 的作用是（　　）。

A. 输出状态不变　　B. 输出状态 OFF
C. 输出状态取反　　D. 输出状态 ON

5. 在示例程序“MoveL RelTool (p2，0，0，100 \ Rx：＝30)，v1000，z50，tool0；”中，Rx 的值是（　　）。

A. 30num　　B. 30°　　C. 30cm　　D. 30mm

三、判断题

1. 指令 Set 用于设定模拟输出信号的值。 (　　)

2. 指令 ReSet 将数字输出信号置为 0。 (　　)

3. 位置偏置函数命令 Offs 可用来改变指定程序点的 XYZ 坐标值、定义新程序点或直接替代移动指令程序点。 (　　)

4. 示例程序“WaitTime 0.5;”的含义是程序运行用时 0.5s。 (　　)

5. 工具偏置函数命令 RelTool 可用来改变指定程序点的 XYZ 坐标值、定义新程序点或直接替代移动指令程序点。 (　　)

四、操作题

1. 请你先手动操作工业机器人搬运码垛，参照图 4-6 将物料 1 从平台 A 搬运到码垛平台 B 上。放置到码垛平台 B 的垛型要求如图 4-8 所示。

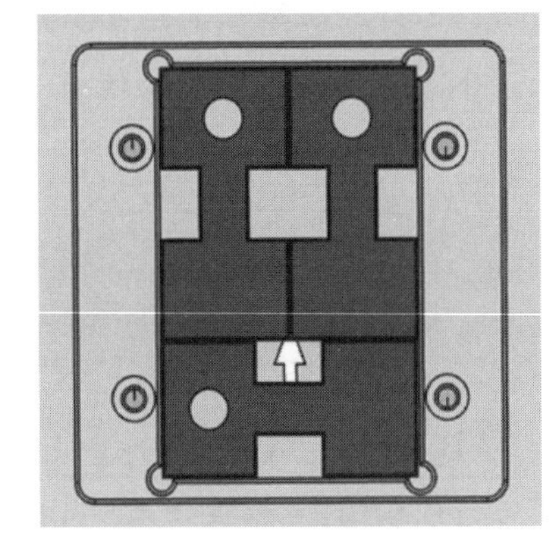

(a) 下层垛型

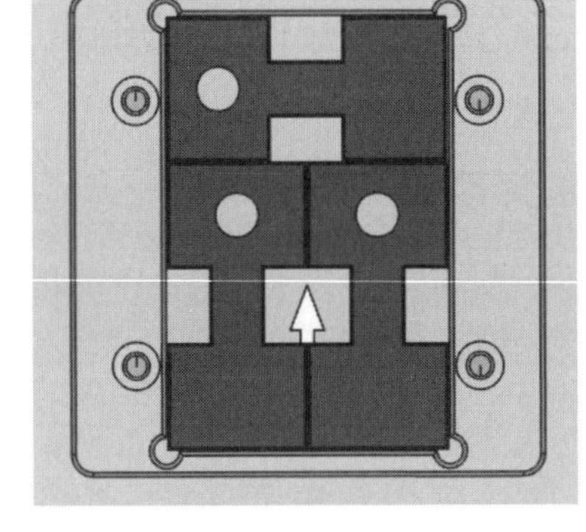

(b) 上层垛型

图 4-8　码垛平台 B 的垛型要求

2. 根据给定的拆垛样例程序，在工业机器人平台上，将图 4-8 中码垛平台 B 的垛型物料依次拆跺并完成以下任务。

① 工业机器人先拾取工具，回到 Home 点；

② 工业机器人从码垛平台 B 依次取物料，并放置到码垛平台 A 的上部；

③ 工业机器人连续拆垛 6 次；

④ 工业机器人放回工具，回到 Home 点。

搬运码垛样例程序

任务三　工业机器人装配芯片样例程序的识读与运行

【任务描述】

工作站的工业机器人已经导入了装配芯片样例程序。需学生先手动检查工业机器人的运行轨迹点位，必要时对装配芯片的运动轨迹点位进行修改，在手动运行调试正常后，再自动运行装配芯片样例程序。

【任务目标】

1. 能识读与运行工业机器人取放吸盘子程序。
2. 能识读与运行工业机器人取放芯片子程序。
3. 能调试与运行工业机器人芯片安装程序。
4. 使学生养成未来从事职业的信心和责任。

【任务准备】

一、装配过程中的注意事项

① 芯片原料区未摆放任何芯片的位置称为空位；未安装任何芯片的产品称为空板。

② 在拾取和安装芯片过程中，芯片不得掉落。

③ 在吸盘工具安装芯片时工具不能出现抖动现象。

二、装配原料和产品芯片的初始状态

1. 原料料盘芯片位置编号

原料料盘芯片摆放位置编号见图 4-9。料盘上全部放满芯片，CPU 放在 1～4 号位置，集成芯片放在 5～12 号位置，三极管放在 13～19 号位置，电容放在 20～26 号位置。

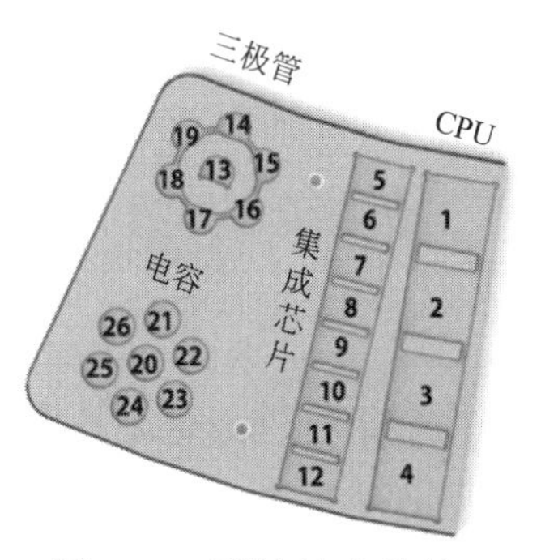

图 4-9　原料料盘芯片摆放位置编号

2. 线路板芯片位置初始状态编号

线路板芯片位置编号如图 4-10 所示。线路板上没有任何芯片。

(a) A03产品

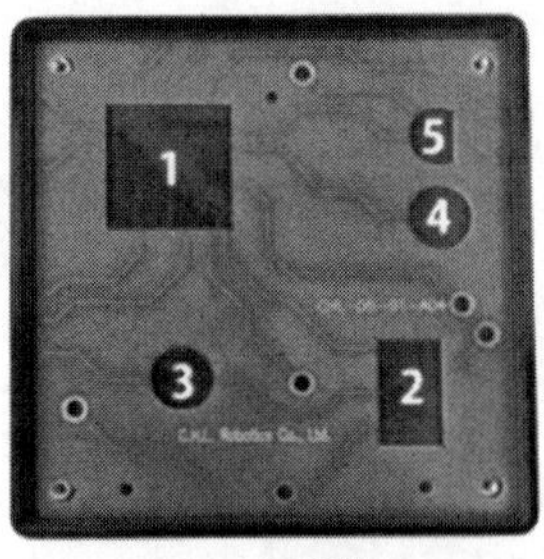

(b) A04产品

(c) A05产品

(d) A06产品

图 4-10　线路板芯片位置编号

【任务实施】

一、实施前检查

① 工作服、安全鞋、安全帽。

② 工业机器人（本体、控制柜、示教器）吸盘末端工具、物料、平台 A、平台 B。

③ 干净的擦机布。

二、工业机器人取放吸盘子程序的识读与运行

1. 识读取放吸盘子程序

认真识读取放吸盘子程序，理解各指令含义，说出各子程序的运动轨迹。取吸盘子程序命名 GetXipan，放吸盘子程序命名 PutXipan。

取吸盘子程序如下。

```
PROC GetXipan ()    //取吸盘
    MoveAbsj Phome, v500, z30, tool0;
    Set HandChange _ Start;
    MoveL Offs (Xipan, 0, 0, 150), v500, fine, tool0;
    MoveL Xipan, v300, fine, tool0;
    Reset HandChange _ Start;
```

```
        Waittime 0.5;
        MoveL Offs (Xipan, 0, 0, 150), v500, fine, tool0;
        MoveAbsj Phome, v500, z30, tool0;
    ENDPROC
```

放吸盘子程序如下。

```
    PROC PutXipan ()    //放吸盘
        MoveAbsj Phome, v500, z30, tool0;
        MoveL Offs (Xipan, 0, 0, 150), v500, fine, tool0;
        MoveL Xipan, v300, fine, tool0;
        Set HandChange _ Start;
        Waittime 0.5;
        MoveL Offs (Xipan, 0, 0, 150), v500, fine, tool0;
        Reset HandChange _ Start;
        MoveAbsj Phome, v500, z30, tool0;
    ENDPROC
```

2. 输出控制信号配置

取放吸盘子程序中，工业机器人输出控制信号配置如表 4-15 所示。

表 4-15 工业机器人输出控制信号配置

参数	配置输出地址	数据类型
HandChange_Start	DO7	digital output

3. 取放吸盘子程序轨迹点位标定

取放吸盘子程序轨迹点位标定如表 4-16 所示。

表 4-16 取放吸盘子程序轨迹点位标定

参数	含义	数据类型
pHome	Home 点位置(放吸盘起点)	jointtarget
Xipan	吸盘工具位置	robtarget

4. 以手动状态运行取放吸盘子程序

在运行取吸盘子程序时，工业机器人的运动轨迹如下。

① 工业机器人先回到 Home 点；

② 工业机器人释放工具（置位手动切换）；

③ 工业机器人直线移动到吸盘工具上方 150mm 处；

④ 工业机器人直线移动到吸盘工具精确位置；

⑤ 锁紧工具（复位手动切换），延时 0.5s；

⑥ 继续直线移动回到吸盘工具上方 150mm 处；

⑦ 工业机器人回到 Home 点。

在运行放吸盘子程序时，工业机器人的运动轨迹如下。

① 工业机器人先回到 Home 点；

② 工业机器人直线移动到吸盘工具上方 150mm 处；

③ 工业机器人直线移动到吸盘工具精确位置；

④ 工业机器人释放工具（置位手动切换），延时 0.5s;；

⑤ 继续直线移动回到吸盘工具上方 150mm 处；

⑥ 锁紧工具（复位手动切换）；

⑦ 工业机器人回到 Home 点。

三、工业机器人取放芯片子程序的识读与运行

1. 识读取放芯片子程序

认真识读取放芯片子程序，理解各指令含义，说出各子程序的运动轨迹。该程序是带参数子程序，参数 a 和 b 代表芯片的位置。

取芯片子程序定义 Get（num a，num b），a 为芯片的类型（a 最大为 4），b 为芯片的编号（b 最大为 8），操作定义芯片盘芯片位置数组 Ylp {4，8}，数据类型为 robtarget。取芯片子程序如下。

```
PROC Get (num a, num b)    //取芯片
    MoveAbsj Phome, v500, z30, tool0;
    MoveL Offs (Ylp {a, b}, 0, 0, 70), v500, fine, tool0;
    MoveL Ylp {a, b}, v300, fine, tool0;
    Set Vacuum_2;
    Waittime 0.5;
    MoveL Offs (Ylp {a, b}, 0, 0, 70), v500, fine, tool0;
    MoveAbsj Phome, v500, z30, tool0;
ENDPROC
```

放芯片子程序定义 Put（num a，num b），a 为芯片的类型（a 最大为 4），b 为芯片的编号（b 最大为 5），操作定义线路板芯片位置数组 Xpp {4，5}，数据类型为 robtarget。放芯片子程序如下。

```
PROC Put (num a, num b)    //放芯片
    MoveL Offs (Xpp {a, b}, 0, 0, 30), v500, fine, tool0;
    MoveL Xpp {a, b}, v300, fine, tool0;
    Reset Vacuum_2;
    Set Bvac_1;
    Waittime 0.5;
```

```
Reset Bvac _ 1;
MoveL Offs (Xpp {a, b}, 0, 0, 30), v500, fine, tool0;
ENDPROC
```

2. 输出控制信号配置

在取放芯片子程序中，工业机器人输出控制信号配置如表 4-17 所示。

表 4-17　工业机器人输出控制信号配置

参数	配置输出地址	数据类型
Vacuum_2	DO7	bool
Bvac_1	DO4	bool

3. 取放芯片轨迹点位标定

取芯片轨迹点位定义如表 4-18 所示。Ylp {a, b} 为原料盘上芯片的点位，其中 a 的取值为 1～4，b 的取值为 1～8，数据类型为 robtarget。

放芯片轨迹点位定义如表 4-19 所示。Xpp {a, b} 为原料盘上芯片的点位，其中 a 的取值为 1～4，b 的取值为 1～5，数据类型为 robtarget。

表 4-18　取芯片轨迹点位定义

点位名称	参数	数组	含义
Ylp{a,b}	a	1	CPU
		2	集成电路
		3	三极管
		4	电容
	b	1～8	原料盘芯片的编号

表 4-19　放芯片轨迹点位定义

点位名称	参数	数组	含义
Xpp{a,b}	a	1	CPU
		2	集成电路
		3	三极管
		4	电容
	b	1～5	线路板芯片的编号

4. 以手动状态运行取放芯片子程序

在运行取芯片子程序时，工业机器人的运动轨迹如下。

① 工业机器人回到 Home 点；

② 工业机器人直线移动到原料盘芯片上方 70mm 处；
③ 工业机器人直线移动到原料盘芯片上的精确位置；
④ 打开吸盘吸气，延时 0.5s；
⑤ 工业机器人直线移动到原料盘芯片上方 70mm 处；
⑥ 工业机器人回到 Home 点。
在运行放芯片子程序时，工业机器人的运动轨迹如下。
① 工业机器人直线移动到线路板芯片上方 30mm 处；
② 工业机器人直线移动到线路板芯片上的精确位置；
③ 工业机器人关闭吸盘吸气，延时 0.5s；
④ 工业机器人吹气；
⑤ 工业机器人直线移动到线路板芯片上方 30mm 处。

四、工业机器人芯片安装程序的调试与运行

1. 识读芯片安装程序

认真识读芯片安装程序，读懂子程序和参数子程序的使用。以 A03 线路板为例，芯片安装程序如下。

```
PROC MoveChipA03 ()
    GetXipan;
    Get 1, 1;
    Put 1, 1;
    Get 2, 1;
    Put 1, 2;
    Get 3, 1;
    Put 1, 3;
    Get 3, 2;
    Put 1, 4;
    Get 4, 1;
    Put 1, 5;
    PutXipan;
ENDPROC
```

2. 芯片安装轨迹

在 A03 线路板芯片安装程序中，工业机器人芯片安装轨迹如表 4-20 所示。

表 4-20 工业机器人芯片安装轨迹

原料盘取芯片	线路板安装芯片	芯片类型
Get 1,1;	Put 1,1;	CPU

续表

原料盘取芯片	线路板安装芯片	芯片类型
Get 2,1;	Put 1,2;	集成电路
Get 3,1;	Put 1,3;	三极管
Get 3,2;	Put 1,4;	三极管
Get 4,1;	Put 1,5;	电容

3. 以手动状态运行装配芯片样例程序

在运行装配芯片样例程序时，工业机器人的运动轨迹如下。

① 工业机器人从原料盘 CPU 区取第一个芯片；

② 工业机器人安装芯片到 A03 线路板的 CPU 位置；

③ 工业机器人从原料盘集成电路区取第一个芯片；

④ 工业机器人安装芯片到 A03 线路板的集成电路位置；

⑤ 工业机器人从原料盘三极管区取第一个芯片；

⑥ 工业机器人安装芯片到 A03 线路板的三极管第一个位置；

⑦ 工业机器人从原料盘三极管区取第二个芯片；

⑧ 工业机器人安装芯片到 A03 线路板的三极管第二个位置；

⑨ 工业机器人从原料盘电容区取第二个芯片；

⑩ 工业机器人安装芯片到 A03 线路板的电容位置。

【任务小结】

1. 芯片安装程序子程序识读与运行：

① 取吸盘子程序；

② 放吸盘子程序；

③ 取芯片子程序；

④ 放芯片子程序；

⑤ 芯片安装程序；

⑥ 自动运行程序。

2. 样例程序的调试与运行：

① 主程序 Main；

② 装配芯片程序 MoveChipA03；

③ 取吸盘工具 GetXipan；

④ 搬运芯片参数子程序调用 Get、Put；

⑤ 放吸盘工具 PutXipan。

学习笔记：

班级：__________ 学号：__________ 姓名：__________ 日期：__________

【任务测评】

在线测试

一、填空题

1. 参数 HandChange _ Start 的数据类型是__________。
2. 参数 pHome 的数据类型是__________。
3. 数组 Ylp {a，b} 中 a 取值为 1，代表该点位上的芯片为__________。
4. 数组 Xpp {a，b} 中 a 取值为 3，当前线路板为__________。
5. 程序 Get（2，1）表示取原料盘上__________类型芯片的编号 1。

二、选择题

1. HandChange _ Start 配置输出地址是（　　）。

A. DO4　B. DO5　C. DO6　D. DO7

2. 数组 Xpp {a，b} 中 a 表示（　　）。

A. 芯片类型　B. X 轴　C. 线路板序号　D. CPU

3. Xipan 的数据类型为（　　）。

A. robtarget　B. jointtarget

C. analog input　D. digital output

4. “Waittime 0.5”表示等待（　　）。

A. 0.5s　B. 0.5ms　C. 0.5μs　D. 50μs

5. Bvac _ 1 的数据类型是（　　）。

A. digital output　B. bool

C. digital input　D. analog input

三、判断题

1. 放置芯片过程中只需要关闭吸盘即可。（　　）
2. 吸取芯片过程中只需打开吸盘，即可马上向上移动吸盘。（　　）
3. 数组 Xpp {a，b} 和数组 Ylp {a，b} 中的 a 都表示芯片类型。（　　）
4. 数组 Xpp {a，b} 和数组 Ylp {a，b} 中的 b 都表示芯片类型。（　　）
5. 数组 Xpp {a，b} 中的 b 表示芯片类型。（　　）

四、操作题

1. 工业机器人工艺过程的起始点和结束点均为 Home 点，芯片原料料盘和 A05 产品的芯片位置编号如图 4-11 所示。料盘上全部放满相应的芯片，线路板上没有芯片。①请参考提供的样例程序，编写装配芯片程序，要求从编号小的位置取料安装，自动运行完成 3 号工位上 A05 线路板的芯片安装。②请利用提供的样例程序，拷贝修改装配芯片程序，程序保存为“A05”＋“姓名汉语拼音”。

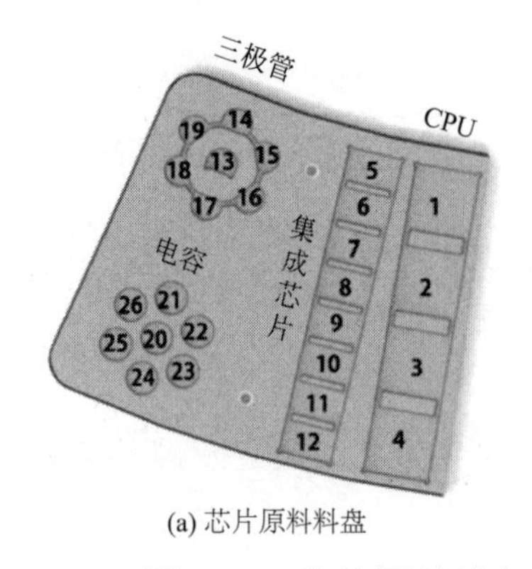

(a) 芯片原料料盘

(b) A05产品

图 4-11　芯片原料料盘和 A05 产品的芯片位置编号

2. 工业机器人工艺过程的起始点和结束点均为 Home 点，芯片原料料盘和 A06 产品的芯片位置编号如图 4-12 所示。料盘上全部放满相应的芯片，线路板上没有芯片。①请参考提供的样例程序，编写装配芯片程序，要求从编号大的位置取料安装，自动运行完成 4 号工位上 A06 线路板的芯片安装。②请利用提供的样例程序，拷贝修改装配芯片程序，程序保存为“A06”＋“姓名汉语拼音”。

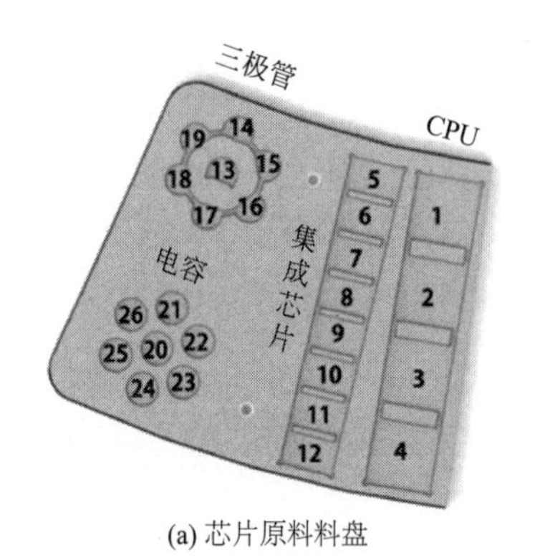

(a) 芯片原料料盘

(b) A06产品

图 4-12　芯片原料料盘和 A06 产品的芯片位置编号

取放芯片样例程序

项目五　工业机器人程序备份与恢复

【知识与能力目标】

1. 能对工业机器人程序及数据进行备份。
2. 能对工业机器人程序及数据进行导入。
3. 能通过不同加密方法对工业机器人程序进行加密。
4. 能对工业机器人系统进行备份。
5. 能对工业机器人系统进行恢复。

【思政与职业素养目标】

1. 使学生养成踏实的工作作风。
2. 使学生具备保护知识产权的意识。
3. 培养学生严谨的工作态度。
4. 提升学生的职业实践操作水平，使学生能更好地适应未来的工作岗位。

【项目概述】

本项目围绕工业机器人操作、维护岗位的职责和企业实际生产中工业机器人程序备份与恢复的工作内容，对工业机器人程序及数据的导入、程序加密、程序及数据的备份进行了详细的讲解，并设置了丰富的实训任务，可以使学生通过实操进一步理解工业机器人程序备份与恢复。

工业机器人程序备份与恢复项目拆分如下。

工业机器人程序备份与恢复
- 任务一　工业机器人程序及数据的导入与备份
- 任务二　工业机器人程序的加密
- 任务三　工业机器人系统的备份与恢复

任务一 工业机器人程序及数据的导入与备份

【任务描述】

工作站暂未编写工业机器人程序，请根据工业机器人程序及数据的导入方法，将U盘中的工业机器人程序导入本工作站的工业机器人中，并验证导入程序及数据的正确性。调试运行后，将程序备份在另一个U盘中。

【任务目标】

1. 能将U盘中的程序及数据导入工业机器人中。
2. 能将工业机器人中的程序及数据备份在U盘中。
3. 使学生养成踏实的工作作风。

【任务准备】

一、工业机器人程序及数据

工业机器人程序文件是记述被称为程序指令的向工业机器人发出一连串指令的文件。程序指令控制工业机器人的动作、外围设备及各种应用程序。程序文件被自动存储在控制装置的存储器中。

工业机器人数据一般包括I/O分配、工业机器人位置数据、I/O配置信息等。不同型号及不同系列的工业机器人无法进行互相导入，只有相同型号、相同系列、相同功能的工业机器人的数据才可以互相导入，从而可以节省配置时间。

二、备份的文件类型

文件是数据在工业机器人控制柜存储器内的存储单元。控制柜使用的文件类型主要有以下几项。

① 程序文件（*.TP）。

② 默认的逻辑文件（*.DF）。

③ 系统文件（*.SV），其用于保存系统设置。

④ I/O 配置文件（*.I/O），其用于保存 I/O 配置。

⑤ 数据文件（*.VR），其用于保存寄存器数据。

⑥ 记录文件（*.LS），其用于保存操作和故障记录。

【任务实施】

一、实施前检查

① 工作服、安全鞋、安全帽。

② 工业机器人（本体、控制柜、示教器）。

③ U 盘、干净的擦机布。

二、程序及数据的备份

ABB 工业机器人的程序存储在程序模块中，进行程序的备份就是将示教器内的程序模块备份在外部存储设备中。程序及数据的备份操作如表 5-1 所示。

表 5-1　程序及数据的备份操作

序号	操作步骤/图示	序号	操作步骤/图示
1	进入主菜单界面，点击“程序编辑器”	3	点击“文件”，再点击“另存模块为”
2	点击“模块”	4	选中“/USB”

续表

序号	操作步骤/图示	序号	操作步骤/图示
5	选择合适的存盘目录，然后点击“确定”	6	程序及数据备份完成

三、程序及数据的导入

程序的导入就是将备份在外部存储设备中的程序模块导入到工业机器人系统中。程序及数据的导入操作见表5-2。

表5-2　程序及数据的导入操作

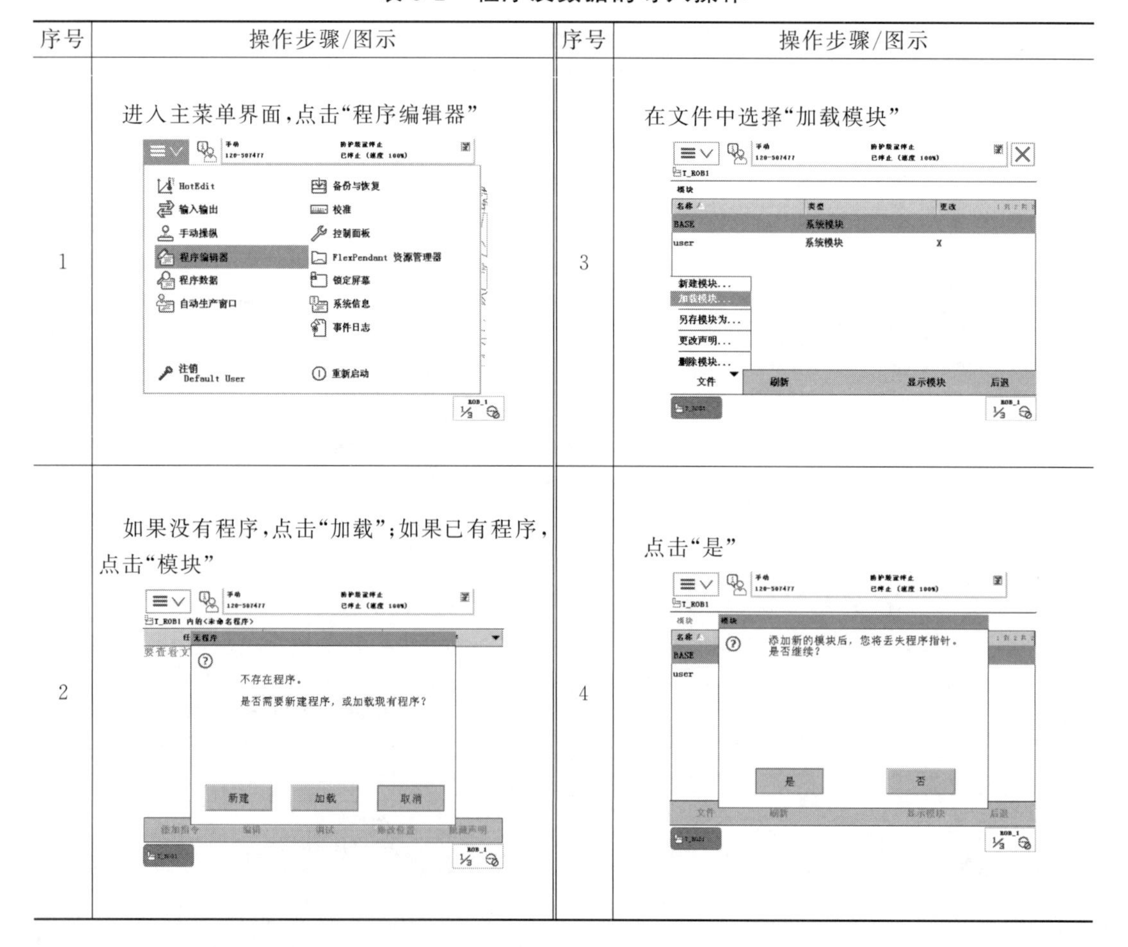

序号	操作步骤/图示	序号	操作步骤/图示
1	进入主菜单界面，点击“程序编辑器”	3	在文件中选择“加载模块”
2	如果没有程序，点击“加载”；如果已有程序，点击“模块”	4	点击“是”

续表

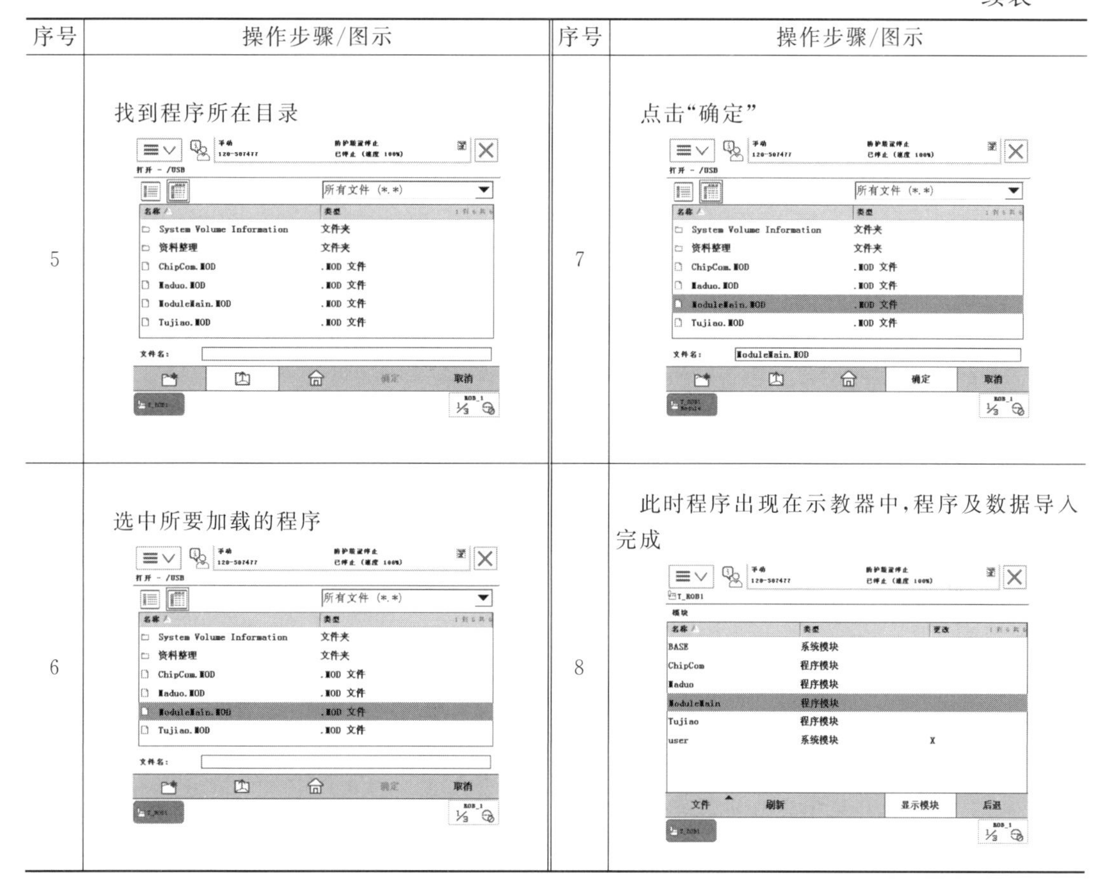

序号	操作步骤/图示	序号	操作步骤/图示
5	找到程序所在目录	7	点击“确定”
6	选中所要加载的程序	8	此时程序出现在示教器中，程序及数据导入完成

四、程序及数据的操作提升

操作提升活动：将展示结果最好的工业机器人上的程序及数据备份到U盘，然后再将这个程序及数据从U盘导入到相同品牌和相同型号的工业机器人上，并展示运行结果。

工业机器人程序及数据的导入与备份，能减少相同品牌、相同系列工业机器人的数据配置任务，节省了工作时间，提高了生产效率，减轻了人力的重复性劳动，减小了产生错误的概率。

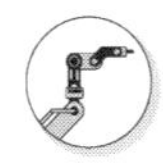

【任务小结】

1. 工业机器人数据一般包括I/O分配、工业机器人位置数据、I/O配置信息等。

2. 不同型号及不同系列的工业机器人无法进行互相导入，只有相同型号、相同系列、相同功能的工业机器人的数据才可以互相导入。

3. 程序及数据的备份步骤：

① 进入主菜单，点击“程序编辑器”；

② 点击“模块”；

③ 点击“文件”选项；

④ 点击“另存模块为”；

⑤ 选中“/USB”；

⑥ 选择合适的存盘目录，然后点击“确定”。

4．程序及数据的导入步骤：

① 在主菜单界面中，点击“程序编辑器”；

② 如果没有程序，点击“加载”；

③ 如果已有程序，点击“模块”；

④ 在文件中选择“加载模块”后，点击“是”；

⑤ 找到程序所在目录，选中所要加载的程序，点击“确定”。

学习笔记：

班级：__________ 学号：__________ 姓名：__________ 日期：__________

【任务测评】

在线测试

一、填空题

1. 工业机器人程序文件是记述被称为程序指令的向工业机器人发出__________的文件。

2. 程序文件被自动存储在__________的存储器中。

3. 不同型号及不同系列的工业机器人__________进行互相导入。

4. 导入文件时应该使用__________模块。

5. 备份文件时应该使用__________模块。

二、选择题

1. 程序指令控制工业机器人的内容中不包含（　　）。

A. 动作　　B. 外围设备　　C. 各种应用程序　　D. 系统信息

2. 在哪种情况下程序文件可以相互导入（　　）。

A. 同一型号、同一系列、相同功能

B. 相同型号、不同系列、不同功能

C. 不同型号、相同系列、不同功能

D. 不同型号、不同系列、相同功能

3. 工业机器人数据一般不包括（　　）。

A. I/O 分配　　B. 工业机器人位置数据

C. I/O 配置信息　　D. 例行程序

4. 程序数据导入从（　　）进入操作。

A. 输入输出　　B. 手动操作　　C. 程序编辑器　　D. 程序数据

5. 备份时应当选择（　　）。

A. 新建模块　　B. 另存模块为　　C. 删除模块　　D. 加载模块

三、判断题

1. 程序文件只能被手动存储在控制装置的存储器中。（　　）

2. I/O 分配属于工业机器人数据。（　　）

3. 只有相同系列相同型号相同功能的工业机器人文件才可以相互导入。（　　）

4. 程序指令是一连串的指令。（　　）

5. 备份时应当选择加载模块。（　　）

四、操作题

1. 完成工业机器人程序及数据的备份操作，要求将程序模块文件命名为

“MainModule”。完成操作后，在下列横线处填写操作要点。

点击进入主菜单“______”→点击“______”→点击“______”选项→点击“______”→选中“______”→选择合适的存盘目录然后点击“______”。

操作完成后，备份完成界面显示如图5-1所示。

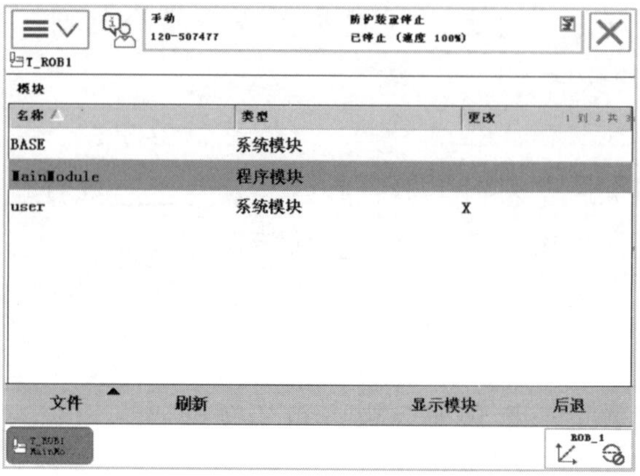

图5-1　备份完成界面

2. 完成工业机器人程序及数据的导入操作，要求将程序模块“MainModule”导入到工业机器人。完成操作后，在下列横线处填写操作要点。

在主菜单界面中，点击“______”→如果没有程序，点击“______”；如果已有程序，点击“______”→在文件中选择“______”后点击“______”→找到程序所在目录，选中所要加载的程序，点击“______”→显示完成。

操作完成后，导入完成界面显示如图5-2所示。

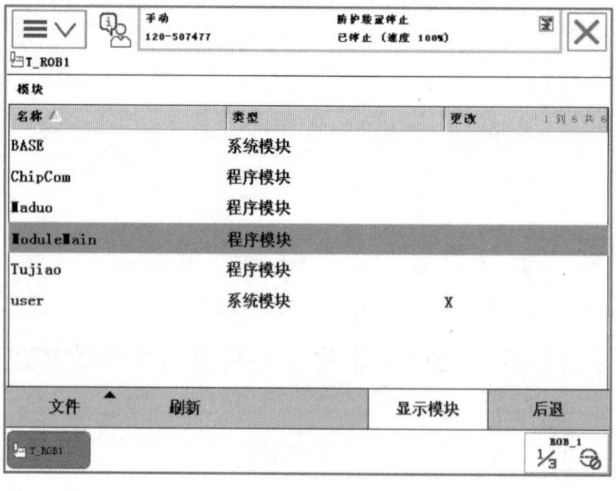

图5-2　导入完成界面

任务二　工业机器人程序的加密

【任务描述】

工作站的工业机器人程序需要进行加密，防止程序被他人随意查看、改写以及逐步调试。根据实训指导手册中的操作步骤用不同的方法完成工业机器人程序的加密。

【任务目标】

1. 能用仿真软件进行加密程序设计。
2. 能用文本编辑器进行加密程序设计。
3. 培养学生具有保护知识产权的意识。

【任务准备】

一、加密程序编写方式

为了防止出现编写的程序被他人误改或误删等不恰当的操作，可以对程序进行加密。ABB工业机器人程序的加密方法是通过对程序模块的属性进行设定，进而达到将程序模块下的程序进行加密的效果。程序的加密，可通过在离线软件RobotStudio中对模块属性进行设定实现，还可通过记事本打开模块文本文件设定模块属性的方式实现。

在使用离线软件RobotStudio对模块属性进行设定时，需将整个工业机器人系统数据进行备份；使用记事本打开模块文本文件对模块属性进行设定时，只需备份需加密的程序所在的程序模块。

二、程序结构与模块属性

在ABB机器人中，机器人所运行的程序被称为RAPID，RAPID下面又划分了Task（任务），任务下面又划分了module（模块）。模块是机器人的程序与数据的载体，模块又分为System modules（系统模块）与Task modules（任务模块）。

系统模块被认为是机器人系统的一部分，系统模块在机器人启动时就会被自动加载，系统模块中通常存储机器人的各个任务中公用的数据，如工具数据、焊接数据等。系统模块的文件扩展名是 *.sys。

任务模块在机器人中会被认为是某个任务或者某个应用的一部分，任务模块通常用于一般的程序编写与数据存储。任务模块的文件扩展名是 *.mod。

模块声明可以表明一个模块的名称、类型和属性。在 ABB 机器人中，模块一共有 5 种不同的属性，各属性的名称与含义见表 5-3。

表 5-3 程序模块属性

属性名称	属性含义
SYSMODULE	模块是系统模块，否则是任务模块
NOVIEW	示教器上无法查看和改写，仅能调用和执行
NOSTEPIN	不允许逐步调试，但允许改写
VIEWONLY	只允许查看和调用，不允许改写
READONLY	不可以修改，但该属性可以被取消

例如：将模块属性设为 NOVIEW 程序代码，在示教器中将不可见并有“不可查看”的字样提示。

【任务实施】

一、实施前检查

① 工作服、安全鞋、安全帽。

② 工业机器人（本体、控制柜、示教器）。

③ 电脑、离线软件 RobotStudio、文本编辑器。

④ U 盘、网线、干净的擦机布。

二、仿真软件加密程序编写

使用仿真软件对程序进行加密的具体操作如表 5-4 所示。

表 5-4 软件加密程序编写的方法和步骤

序号	操作步骤/图示	序号	操作步骤/图示
1	打开 RobotStudio 软件，加载 RAPID 程序。 备注：电脑在线连接机器人加载程序或通过 U 盘加载程序 1 MODULE MainModule 2 3 PROC main() 4 High"zxc1"; 5 Left "zxc2"; 6 Right"zxc3"; 7 ENDPROC 8 9 ENDMODULE 10 11	2	将程序设置为无法调试模式：在程序中的第一行 MODULE 模块名称后添加“(NOSTEPIN)” 1 MODULE tNOSTEPIN(NOSTEPIN) 2 PROC Home() 3 MoveAbsJ phome\NoEOffs, v300, z50, tool0; 4 MoveL phigh, v400, fine, tool0; 5 MoveL pRight, v400, fine, tool0; 6 MoveL pLeft, v400, fine, tool0; 7 MoveAbsJ phome\NoEOffs, v300, z50, tool0; 8 ENDPROC 9 ENDMODULE

续表

序号	操作步骤/图示	序号	操作步骤/图示

3	将程序设置为只读模式：在程序中的第一行 MODULE 模块名称后添加“(READONLY)”
	1 MODULE tREADONLY(READONLY)
	2 PROC High(string world)
	3 IF world="zxc1" THEN
	4 MoveAbsJ phome\NoEOffs, v300, z50, tool0;
	5 MoveL phigh, v400, fine, tool0;
	6 ELSE
	7 MoveL pright, v400, fine, tool0;
	8 ENDIF
	9 ENDPROC
	10 ENDMODULE
		5	将程序设置为无法查看与编辑模式：在程序中的第一行 MODULE 模块名称后添加“(NOVIEW)”
			MODULE tNOVIEW(NOVIEW)
			PROC Right(string world)
			IF world="zxc3" THEN
			MoveAbsJ phome\NoEOffs, v300, z50, tool0;
			MoveL phigh, v400, fine, tool0;
			ELSE
			MoveL pRight, v400, fine, tool0;
			ENDIF
			ENDPROC
			ENDMODULE

4	将程序设置为只读模式：在程序中的第一行 MODULE 模块名称后添加“(VIEWONLY)” 1 MODULE tVIEWONLY(VIEWONLY) 2 PROC Left(string world) 3 IF world="zxc2" THEN 4 MoveAbsJ phome\NoEOffs, v300, z50, tool0; 5 MoveL phigh, v400, fine, tool0; 6 ELSE 7 MoveL pright, v400, fine, tool0; 8 ENDIF 9 ENDPROC 10 ENDMODULE	6	将加密程序在线下载到机器人或导出加密程序到 U 盘 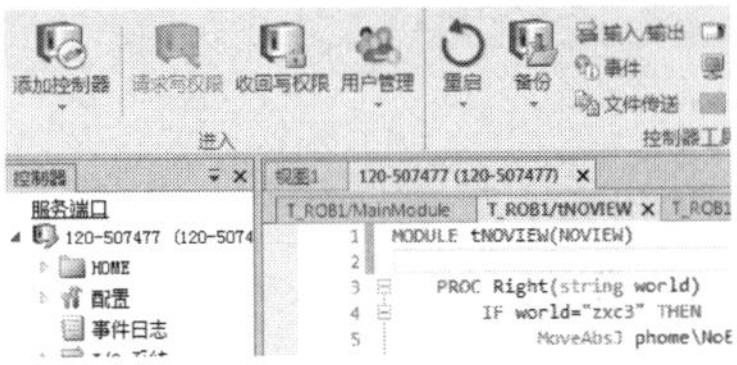 添加控制器 请求写权限 收回写权限 用户管理 重启 备份 输入/输出 事件 文件传送 进入 控制器工具 控制器 视图1 120-507477 (120-507477) 服务端口 T_ROB1/MainModule T_ROB1/tNOVIEW 120-507477 (120-5074 HOME 配置 事件日志 1 MODULE tNOVIEW(NOVIEW) 2 3 PROC Right(string world) 4 IF world="zxc3" THEN 5 MoveAbsJ phome\NoE

三、文本编辑器加密程序编写

使用文本编辑器对程序进行加密的具体操作如表 5-5 所示。

表 5-5 文本加密程序编写的方法和步骤

序号	操作步骤/图示	序号	操作步骤/图示

1	打开文本编辑器，加载 RAPID 程序
	MODULE MainModule
	PROC main()
	High"zxc1";
	Left "zxc2";
	Right"zxc3";
	ENDPROC
	ENDMODULE
		3	将程序设置为只读模式：在程序中的第一行 MODULE 模块名称后添加“(READONLY)”
			MODULE tREADONLY(READONLY)
			PROC High(string world)
			IF world="zxc1" THEN
			MoveAbsJ phome\NoEOffs, v300, z50, tool0;
			MoveL phigh, v400, fine, tool0;
			ELSE
			MoveL pright, v400, fine, tool0;
			ENDIF
			ENDPROC
			ENDMODULE

2	将程序设置为无法调试模式：在程序中的第一行 MODULE 模块名称后添加“(NOSTEPIN)”
	MODULE tNOSTEPIN(NOSTEPIN)
	PROC Home()
	MoveAbsJ phome\NoEOffs, v300, z50, tool0;
	MoveL phigh, v400, fine, tool0;
	MoveL pRight, v400, fine, tool0;
	MoveL pLeft, v400, fine, tool0;
	MoveAbsJ phome\NoEOffs, v300, z50, tool0;
	ENDPROC
	ENDMODULE
		4	将程序设置为只读模式：在程序中的第一行 MODULE 模块名称后添加“(VIEWONLY)”
			MODULE tVIEWONLY(VIEWONLY)
			PROC Left(string world)
			IF world="zxc2" THEN
			MoveAbsJ phome\NoEOffs, v300, z50, tool0;
			MoveL phigh, v400, fine, tool0;
			ELSE
			MoveL pright, v400, fine, tool0;
			ENDIF
			ENDPROC
			ENDMODULE

续表

<table>
<tr><th>序号</th><th>操作步骤/图示</th><th>序号</th><th>操作步骤/图示</th></tr>
<tr><td>5</td><td>将程序设置为无法查看与编辑模式：在程序中的第一行 MODULE 模块名称后添加“(NOVIEW)”

MODULE tNOVIEW(NOVIEW)
    PROC Right(string world)
        IF world="zxc3" THEN
         MoveAbsJ phome\NoEOffs, v300, z50, tool0;
         MoveL phigh, v400, fine, tool0;
        ELSE
           MoveL pRight, v400, fine, tool0;
        ENDIF
    ENDPROC
ENDMODULE</td><td>6</td><td>导出加密程序到 U 盘或本地硬盘

文件(F) 编辑(E) 格式(O) 查看(V) 帮助(H)
新建(N) Ctrl+N
打开(O)... Ctrl+O
保存(S) Ctrl+S
另存为(A)...
页面设置(U)...
打印(P)... Ctrl+P
退出(X)
ld)
HEN
oEOffs, v300, z50, tool0;
0, fine, tool0;
v400, fine, tool0;</td></tr>
</table>

【任务小结】

1. 程序的加密操作可以有效地防止工业机器人程序被他人误改或误删等误操作，通过本次任务的实施，学生应该掌握的内容是工业机器人可以通过 RobotStudio 软件和文本编辑器两种方法对程序模块的属性进行设定，利用这种方法可以对程序文件进行不同形式的加密，即对模块设定不同的属性。

2. ABB 工业机器人程序模块属性有三种：①NOVIEW 的属性表示示教器上无法查看和改写，仅能调用和执行；②NOSTEPIN 的属性表示该程序模块不允许逐步调试，但允许改写；③VIEWONLY 的属性则表示只允许查看和调用，不允许改写。

学习笔记：

班级：__________ 学号：__________ 姓名：__________ 日期：__________

【任务测评】

在线测试

一、填空题

1. 工业机器人的程序加密可以有效防止程序被他人__________。

2. ABB 工业机器人程序的加密方法是通过对程序模块的__________进行设定进而达到加密效果。

3. 程序加密可以用__________或者文本文件两种方式实现。

4. 添加模块属性的字符时，输入法应切换为__________状态。

5. NOSTEPIN 属性意味着程序不允许__________，但允许改写。

二、选择题

1. 程序加密是对程序模块的（　　）进行设定。

A. 程序代码　　B. I/O 参数设置

C. 属性　　D. 工具数据

2. 下列选项中，（　　）不是 ABB 工业机器人程序模块的属性。

A. NOVIEW

B. NOSTEPIN

C. VIEWONLY

D. ONLYVIEW

3. 在用软件进行加密过程中，打开软件 RobotStudio 时应选择（　　）菜单栏。

A. 建模　　B. 仿真

C. 控制器　　D. RAPID

4. 用文本编辑器加密时，填写属性后请点击“保存”，或者按（　　）。

A. Ctrl+S　　B. Alt+S

C. Ctrl+C　　D. Ctrl+A

5. 在示教器操作界面中，点击（　　）可进行系统数据的备份。

A. 备份与恢复　　B. 输入输出

C. 资源管理器　　D. 手动操纵

三、判断题

1. 若程序模块属性为 NOVIEW，则该程序可以被查看和改写。（　　）

2. 采用软件加密需要在示教器上先建立一个或多个空的程序模块，用于存放加密的程序。（　　）

3. 若程序模块属性为 VIEWONLY，则该程序模块只允许查看和调用，不允许改写。 （ ）

4. 程序改写只包含对程序指令的改写。 （ ）

5. 程序属性可以通过显示模块来查看。 （ ）

四、操作题

1. 使用 RobotStudio 软件对编写的工业机器人程序进行软件加密。加密完成后，写出软件加密程序的操作步骤。

2. 使用文本编辑器对编写的工业机器人程序进行软件加密。加密完成后，写出软件加密程序的操作步骤。

任务三　工业机器人系统的备份与恢复

【任务描述】

工作站的工业机器人系统数据和参数需要进行备份，以防止被误操作或者误删后无法进行恢复。根据任务实施中的操作步骤完成工业机器人程序和参数的备份与恢复。

【任务目标】

1. 能根据操作步骤完成系统备份与恢复。
2. 能根据操作步骤完成参数导入、导出。
3. 使学生养成严谨的工作态度。

【任务准备】

一、系统文件的备份与恢复

系统在备份与恢复时会包含所有存储在 Home 目录下的文件和文件夹、系统参数和一些系统信息。当程序文件被破坏或者对指令和参数的设置做了任何不成功的修改时，如果需要以前的设置，可以采用恢复系统信息的方法，使系统回到备份发生时的状态，这时用到的功能是工业机器人系统的备份与恢复。

1. 系统备份与恢复所含的文件

工业机器人系统的备份与恢复所包含的文件如表 5-6 所示。

表 5-6　备份与恢复所包含的文件

文件夹	描述
Backinfo	包含要从媒体库中重新创建系统软件和选项所需的信息
Home	包含有系统主目录的内容的拷贝
Rapid	为系统程序存储器中的每个任务创建了一个子文件夹。每个任务文件夹包含有单独的程序模块文件夹和系统模块文件夹
Syspar	包含系统配置文件

2. 进行系统恢复的情况

① 如果有任何理由怀疑程序文件被破坏。

② 如果对指令和参数的设置做了任何不成功的修改，需要以前的设置。

值得注意的是，在恢复过程中所有的系统参数将被替换，并且所有的备份目录下的模块将被重新装载。另外，Home 目录在热启动过程中将被拷贝回新的系统 Home 目录。

二、配置参数的导入和导出

在相同型号和版本的工业机器人之间，可以将导出的配置参数的备份文件导入到参数配置出现问题的工业机器人中，实现配置参数的恢复，从而解决配置参数丢失所引起的问题。ABB 工业机器人的配置参数被存储在一个单独的配置文件中。配置参数一共分为五个主题，如图 5-3 所示。有其他外围设备时，也许会有额外的主题。

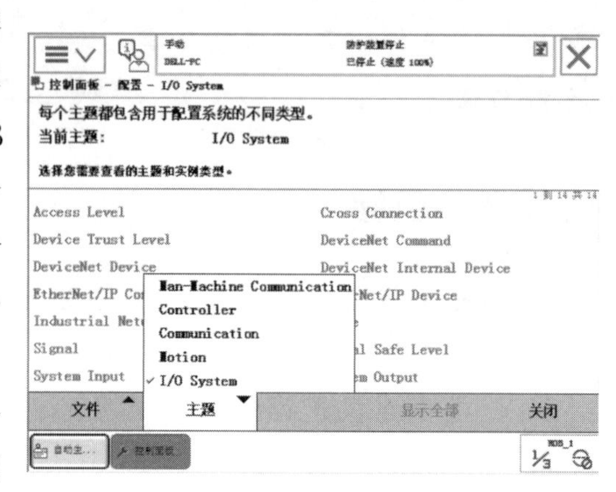

图 5-3　配置参数的不同主题

不同的主题对应的配置内容也各有不同，每种主题具体的配置内容和配置文件如表 5-7 所示，有的主题是用来配置串行通道与文件传输层协议的，有的主题是用来配置安全性与 RAPID 专用函数的，有的主题是用来配置 I/O 板与信号的，等等。掌握不同主题所对应的配置内容，将有助于我们更好地了解设备出现的一些参数问题。

表 5-7　不同主题参数的配置文件

主题	配置内容	配置文件
Communication	串行通道与文件传输层协议	SIO. cfg
Controller	安全性与 RAPID 专用函数	SYS. cfg
I/O System	I/O 板与信号	EIO. cfg
Man-machine Communication	用于简化系统工作的函数	MMC. cfg
Motion	工业机器人与外轴	MOC. cfg
Process	工艺专用工具与设备	PROC. cfg

【任务实施】

一、实施前检查

① 工作服、安全鞋、安全帽。

② 工业机器人（本体、控制柜、示教器）。

③ 电脑、离线软件 RobotStudio、文本编辑器。

④ U 盘、网线、干净的擦机布。

二、示教器系统的备份

示教器系统备份的操作步骤如表 5-8 所示。

表 5-8　系统备份的操作步骤

序号	操作步骤/图示	序号	操作步骤/图示
1	点击“备份与恢复” 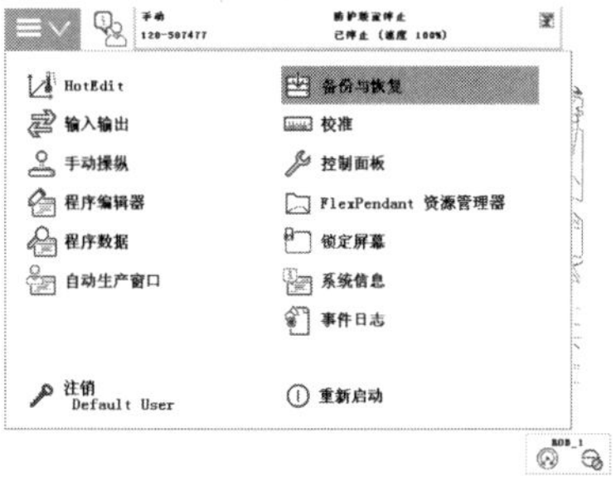	3	将文件选择到所需保存的目录下，然后点击“备份” 
2	点击“备份当前系统” 	4	弹出此页面，等待其自动返回即完成系统备份 

三、示教器系统的恢复

示教器系统恢复的操作步骤如表 5-9 所示。

表 5-9　系统恢复的操作步骤

序号	操作步骤/图示	序号	操作步骤/图示
1	点击“备份与恢复” 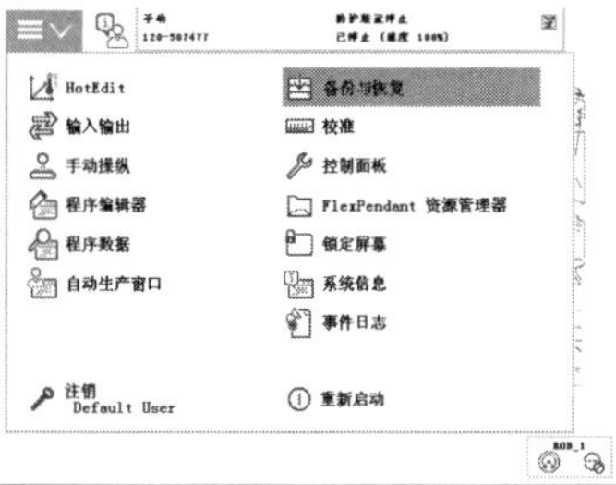	2	点击“恢复系统” 

续表

序号	操作步骤/图示	序号	操作步骤/图示
3	找到之前文件备份的目录，然后点击“恢复”	5	静待其恢复系统参数
4	点击“是”		

四、配置参数的导入

导入配置参数的操作步骤如表 5-10 所示。

表 5-10　导入配置参数的操作步骤

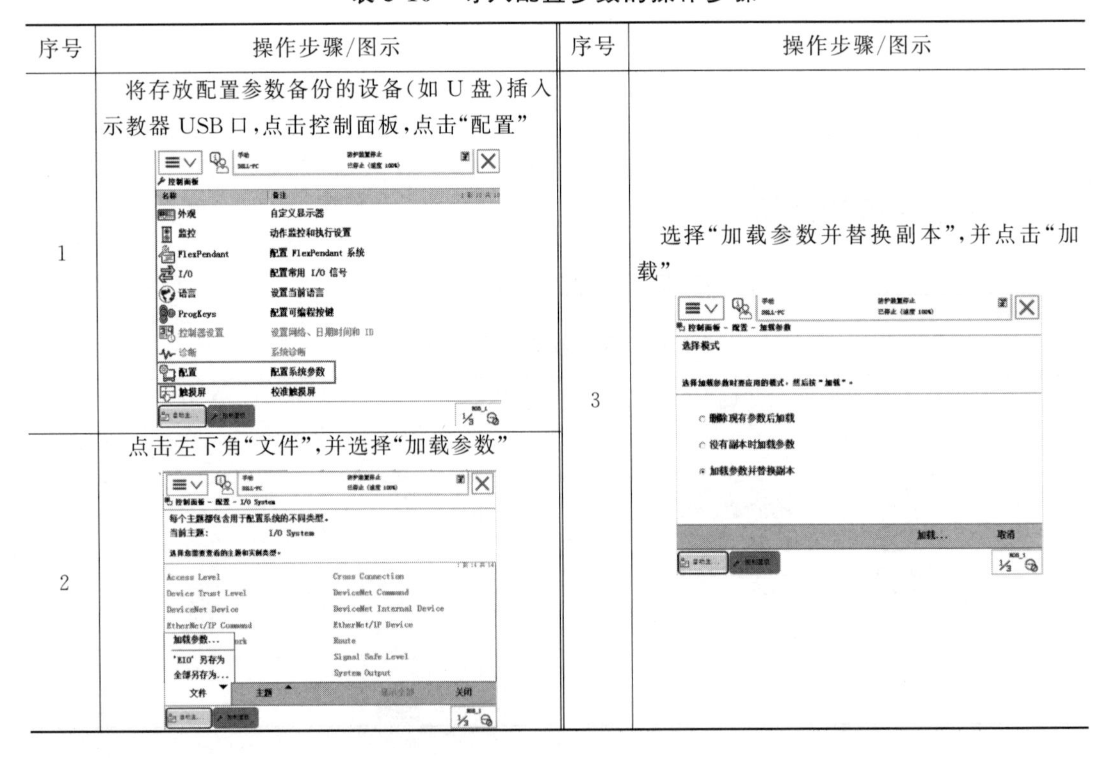

序号	操作步骤/图示	序号	操作步骤/图示
1	将存放配置参数备份的设备(如 U 盘)插入示教器 USB 口，点击控制面板，点击“配置”	3	选择“加载参数并替换副本”，并点击“加载”
2	点击左下角“文件”，并选择“加载参数”		

续表

序号	操作步骤/图示	序号	操作步骤/图示
4	找到备份文件所在的路径并选择所需文件，之后点击“确定”	5	点击“是”，控制器重启后参数生效，若需要导入多个配置参数文件则点击“否”，先不重启，待所有文件导入后再重启

五、配置参数的导出

导出配置参数的操作步骤如表5-11所示。

表5-11　导出配置参数的操作步骤

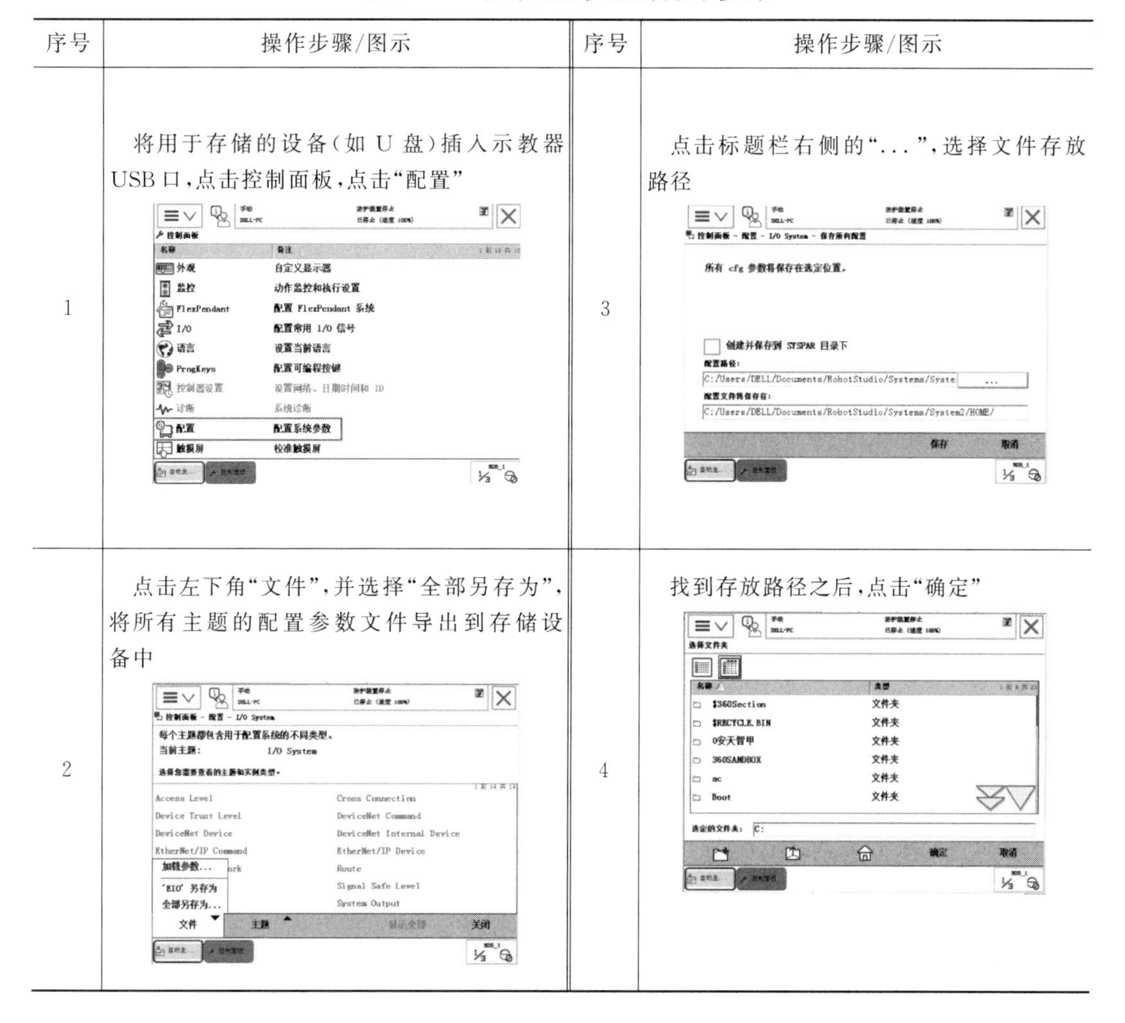

序号	操作步骤/图示	序号	操作步骤/图示
1	将用于存储的设备（如U盘）插入示教器USB口，点击控制面板，点击“配置”	3	点击标题栏右侧的“...”，选择文件存放路径
2	点击左下角“文件”，并选择“全部另存为”，将所有主题的配置参数文件导出到存储设备中	4	找到存放路径之后，点击“确定”

续表

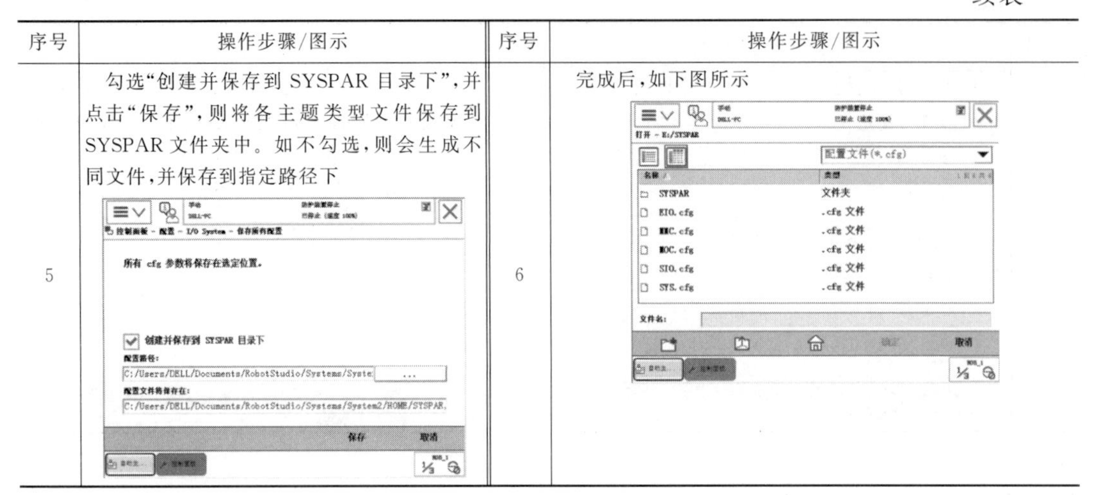

序号	操作步骤/图示	序号	操作步骤/图示
5	勾选“创建并保存到 SYSPAR 目录下”，并点击“保存”，则将各主题类型文件保存到 SYSPAR 文件夹中。如不勾选，则会生成不同文件，并保存到指定路径下	6	完成后，如下图所示

【任务小结】

1. 系统的备份步骤：①在示教器主页上点击“备份与恢复”；②点击“备份当前系统”；③选择备份路径，弹出创建备份界面。

2. 系统的恢复步骤：①在示教器主页上点击“备份与恢复”；②点击“恢复系统”→点击“恢复”；③点击“是”，静待恢复即可，弹出恢复系统界面。

3. 配置参数的导入步骤：①在示教器主页上点击“控制面板”；②点击“配置”→点击左下角“文件”；③点击“加载参数”；④选择“加载参数并替换副本”，并点击“加载”；⑤找到备份文件所在的路径，并选择所需文件后点击“确定”；⑥点击“是”，控制器重启后参数生效。

4. 配置参数的导出步骤：①在示教器主页上点击“控制面板”；②点击“配置”→点击左下角“文件”；③点击“全部另存为”；④点击标题栏右侧的“...”，选择文件存放路径；⑤找到存放路径之后点击“确定”。

学习笔记：

班级：__________ 学号：__________ 姓名：__________ 日期：__________

【任务测评】

在线测试

一、填空题

1. 文件夹 Backinfo 包含要从媒体库中重新创建__________和选项所需的信息。

2. 包含系统配置文件的文件夹是__________。

3. ABB 工业机器人程序的配置参数被分为____种主题。

4. 文件夹 Rapid 的每个任务文件夹包含有单独的程序模块文件夹和__________文件夹。

5. 想要恢复系统，应当在首页中选择__________功能项。

二、选择题

1. （　　）主题是关于串行通道与文件传输层协议的配置内容。

A. Controller　　B. I/O System

C. Communication　　D. Process194

2. （　　）为 ABB 工业机器人配置参数的主题。

A. System　　B. Control

C. Motive　　D. Process

3. I/O 板与信号的配置应当属于（　　）主题的配置文件。

A. I/O System　　B. Controller

C. Motion　　D. Process

4. 工业机器人与外轴的参数配置应当属于（　　）主题的配置文件。

A. I/O System

B. Controller

C. Motion

D. Process

5. 配置参数的导入应该选择（　　）操作。

A. 全部另存为

B. 加载参数

C. EIO 另存为

D. 文件另存为

三、判断题

1. 系统恢复可以恢复一切程序和数据。（　　）

2. 当怀疑程序文件被破坏时可以选择系统恢复来恢复系统。（　　）

3. 要恢复的系统的内容包括系统参数。（　　）

4. 主题为 Motion 的文件的配置参数的内容为安全性与 RAPID 专用函数。（　　）

5. 用于简化系统工作的函数的配置文件为 MMC. cfg。（　　）

四、操作题

1. 将工业机器人系统进行备份，文件名保存为“学号＋姓名汉语拼音”；将工业机器人系统删除后，恢复工业机器人系统。图 5-4 为创建备份中和恢复系统中的界面。操作完成后，写出系统备份与恢复的操作步骤。

(a) 正在创建备份中

(b) 正在恢复系统中

图 5-4　创建备份中和恢复系统中的界面

....

....

....

....

2. 根据提示，完成工业机器人配置参数导入与导出的操作。操作完成后，填写相关操作步骤。

工业机器人配置参数导入与导出的操作提示：

① 在示教器主页上点击“________”→点击“________”→点击左下角“____”→点击“__________”→选择“__________”并点击“________”→找到备份文件所在的路径并选择所需文件，之后点击“______”→点击“________”，控制器重启后参数生效。

② 在示教器主页上点击“________”→点击“________”→点击左下角“________”→点击“________”→点击标题栏右侧的“________”选择文件存放路径→找到存放路径之后点击“________”。

项目六　工业机器人系统维护

【知识与能力目标】

1. 能对工业机器人本体进行检查与维护。
2. 能对工业机器人控制柜进行检查与维护。
3. 能对工业机器人外围波纹管、电气附件进行检查与维护。
4. 知晓工业机器人本体定期检查的项目和维护方法。
5. 能对工业机器人系统的运行状态及运行参数进行检测并记录。
6. 能配置工业机器人 I/O 板卡和信号，并测试配置的正确性。

【思政与职业素养目标】

1. 使学生逐渐养成对工业机器人维护和保养的意识。
2. 培养学生耐心细致以及认真负责的工作态度。
3. 使学生具有主动排查安全隐患的能力并增强安全防护意识。
4. 让学生认识到团队合作的重要性。
5. 使学生具备合理配置资源的大局意识。
6. 引导学生坚持不断地关注工业机器人行业的发展动态及未来的趋势走向。

【项目概述】

本项目围绕工业机器人维护岗位的职责，结合企业实际生产中的工业机器人常规检查的工作内容，对工业机器人本体、控制柜、附件进行常规检查，并对工业机器人运行参数及运行状态进行监测和记录。通过完成工业机器人本体常规检查、工业机器人控制柜及附件常规检查、工业机器人本体定期维护和工业机器人 I/O 信号配置四个实训任务，使学生进一步理解工业机器人常规检查的事项。

工业机器人系统维护项目拆分如下：

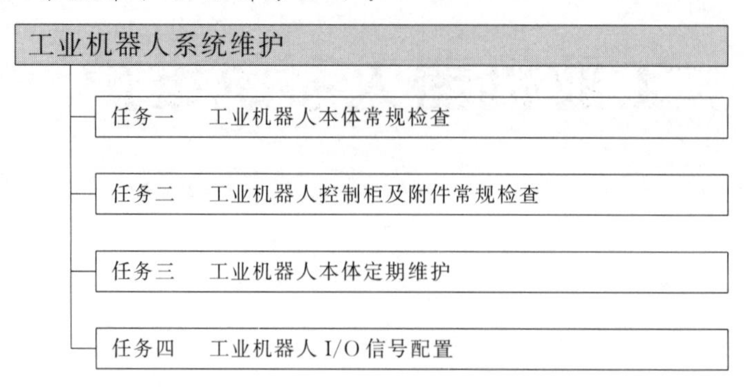

任务一　工业机器人本体常规检查

【任务描述】

在使用工业机器人进行示教编程前，根据工业机器人本体常规检查方案，对工业机器人机械部件温度和异响、润滑油是否泄漏、机械停止装置和阻尼器、电池组电量进行检查，并做好记录。

【任务目标】

1. 能检查机械异响和发热。
2. 能检查润滑油泄漏。
3. 能检查机械停止装置和阻尼器。
4. 能完成电池组电量检查与电池更换。
5. 培养学生耐心细致以及认真负责的工作态度。

【任务准备】

一、机械异响和发热检查注意事项

在正常运行期间，许多工业机器人部件都会发热，尤其是驱动电机和减速机。某些时候这些部件周围的温度也会很高，触摸它们可能会造成不同程度的灼伤，所以需要谨记以下注意事项。

① 在实际接触之前，务必用手在一定距离外感受可能会变热的组件是否有热辐射。

② 如果要拆卸可能会发热的组件，需等到它冷却，或者采用其他方式处理。

③ 泄流器的温度最高可达到 80℃。

二、工业机器人本体常规检查注意事项

工业机器人本体常规检查的注意事项如下所述。

① 工业机器人本体常规检查要求操作人员具有一定的专业知识和熟练的操作技能，并且需要进行现场近距离操作，因而具有一定的危险性，所以必须穿戴好安全防护装备。

② 在正常运行期间，工业机器人驱动电机和减速机等部件都会发热，不要盲目操作，以防造成烫伤等事故。

③ 操作人员在进行检查时，需确保没有其他人可以开关电源。

【任务实施】

一、实施前检查

① 工作服、安全鞋、安全帽。

② 工业机器人（本体、控制柜、示教器）、电池组。

③ 内六角扳手、斜口钳、一字螺丝刀、剪刀、扎带、干净的擦机布。

二、机械异响和发热检查

机械异响和发热的具体检查步骤见表 6-1。

表 6-1　机械异响和发热的检查步骤

检查内容	操作步骤
机械异响	①确定发出噪声的轴承 Ⓐ 轴1 Ⓑ 轴2 Ⓒ 轴3 Ⓓ 轴4 Ⓔ 轴5 Ⓕ 轴6 ②确定轴承是否充分润滑 ③检查某个电机或轴承是否损坏。若损坏则需更换整个电机

续表

检查内容	操作步骤
发热	①确认机器人是否未过载运行 ②等待过热电机充分散热 ③检查电源电压是否过高或过低 ④检查空气过滤器选件是否阻塞,如阻塞则进行更换 ⑤确定轴承是否充分润滑 ⑥检查某个电机或轴承是否损坏,若损坏则需更换整个电机 ⑦维护后继续监控是否还有过热发生

三、润滑油泄漏检查

润滑油泄漏的具体检查步骤见表 6-2。

表 6-2 润滑油泄漏的检查步骤

检查部件	操作步骤
齿轮箱	①检查电机和齿轮箱之间的所有密封件垫圈,若发现密封件垫圈磨损则更换密封件垫圈 ②检查齿轮箱油面高度,清理回油槽 ③检查油箱压力是否过大,如果箱体变形严重则更换
减速机	①检查减速机轴承室磨损程度 ②检查减速机齿轴轴径磨损程度 ③检查减速机传动轴轴承磨损或轴承故障 ④检查减速机结合面 ⑤检查减速机齿轮是否失效 ⑥如遇到上述任何一个问题,则需寻求专业机器人维修公司进行维修

四、机械停止装置和阻尼器检查

1. 检查机械停止装置

① 关闭工业机器人的所有电源、液压源和气源，进入工业机器人工作区域。目测检查轴 1 机械停止装置，如图 6-1 所示。

② 目测检查轴 2 机械停止装置，如图 6-2 所示。

③ 目测检查轴 3 机械停止装置，如图 6-3 所示。

④ 当发现机械停止装置存在弯曲、松动或损坏情况时，则进行更换。

2. 检查阻尼器

① 关闭机器人的所有电力、液压和气压供给，进入工业机器人工作区域。目测检查轴 1 阻尼器，如图 6-4 所示。

② 目测检查轴 2、轴 3 阻尼器，如图 6-5 所示。

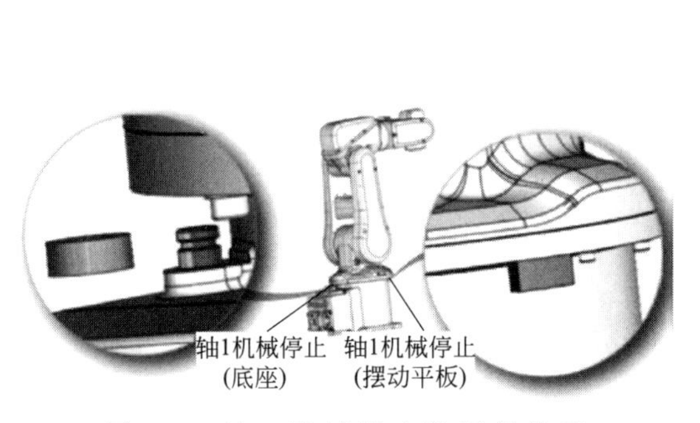

图 6-1 轴 1 机械停止装置的位置

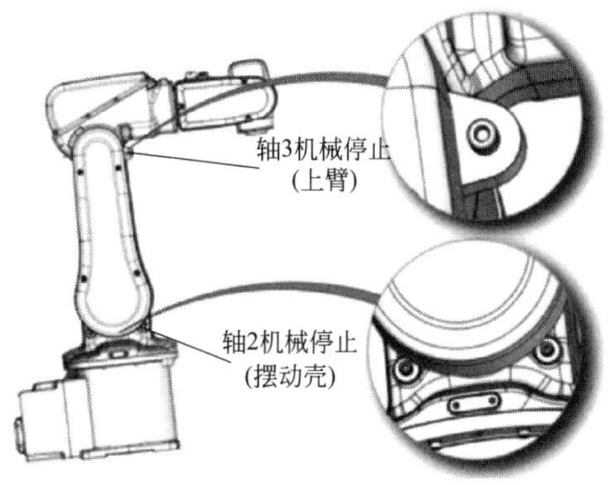

图 6-2 轴 2 机械停止装置的位置

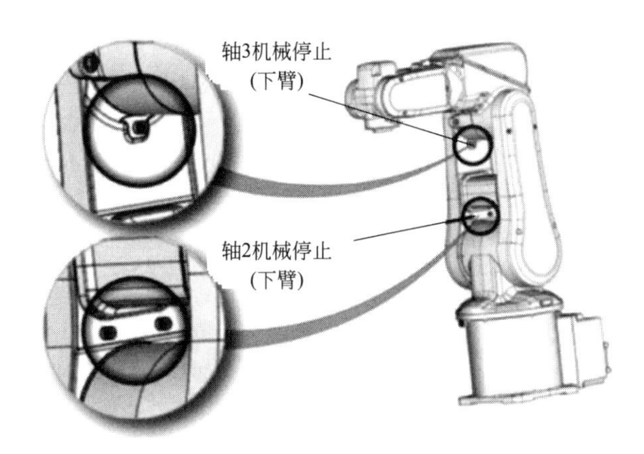

图 6-3 轴 3 机械停止装置的位置

③ 当发现阻尼器存在裂纹、现有印痕超过 1mm 或连接螺钉变形的情况时，则进行更换。

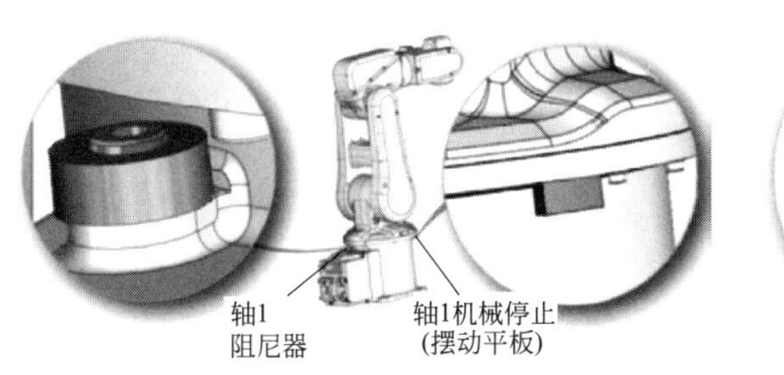

图 6-4 轴 1 阻尼器的位置

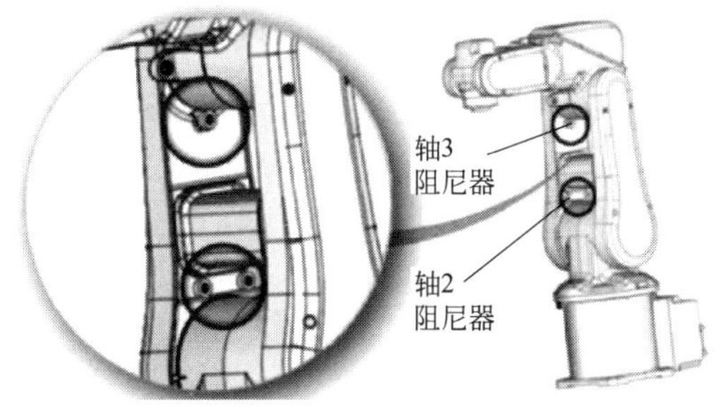

图 6-5 轴 2、轴 3 阻尼器位置

五、电池组电量检查与电池更换

1. 工业机器人电池组电量检查

当工业机器人示教器信息栏显示代码 38213 时，则表示工业机器人本体的电量低，需要尽快更换电池。

注意：电池的剩余后备容量（工业机器人电源关闭）不足 2 个月时，将显示低电量警告（显示代码 38213）。通常，如果工业机器人电源每周关闭 2 天，则新电池使用寿命为 18 个月。通过电池关闭服务例行程序可延长使用寿命。

2. 工业机器人电池更换

① 拆卸旧电池　卸下螺钉，从工业机器人上卸下底座盖，断开电池组电缆与电路板上编码器接口的连接，剪断电缆带，卸下旧电池。

② 更换新电池　用电缆带重新绑扎新电池组，连接新电池电缆与电路板上编码器接口，用螺钉将底座盖重新安装到工业机器人上。

电缆带、电池组和底座盖具体位置如图 6-6 所示。

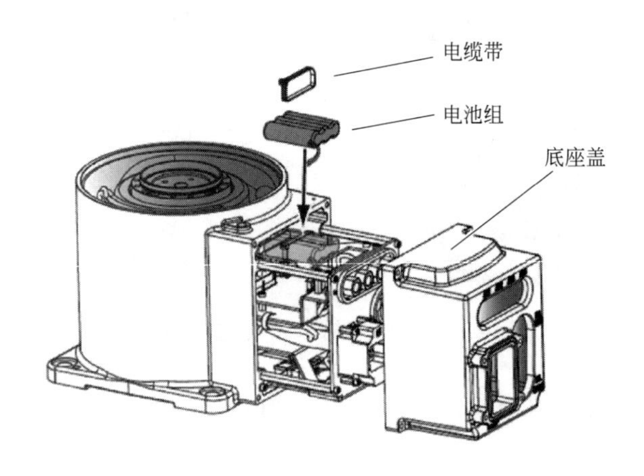

图 6-6　电池组、电缆带、底座盖的具体位置

注意：如果上述更换电池组的操作为带电操作，则无需更新转数计数器，否则需要更新转数计数器，详细步骤参考：项目三 \ 任务一 \ 五、工业机器人转数计数器更新。

【任务小结】

1. 机械异响检查：

① 确定发出噪声的轴承；

② 确定轴承是否充分润滑；

③ 检查某个电机或轴承是否损坏，若损坏则需更换整个电机。

2. 发热检查：

① 确认机器人是否未过载运行；

② 等待过热电机充分散热；

③ 检查电源电压是否过高或过低；

④ 检查空气过滤器选件是否阻塞，如阻塞则进行更换；

⑤ 确定轴承是否充分润滑；

⑥ 检查某个电机或轴承是否损坏，若损坏则需更换整个电机；

⑦ 维护后继续监控是否还有过热发生。

3. 齿轮箱润滑油泄漏检查：

① 检查电机和齿轮箱之间的所有密封件垫圈，若发现磨损则更换密封件垫圈；

② 检查齿轮箱油面高度，清理回油槽；

③ 检查油箱压力是否过大，如果箱体变形严重则进行更换。

4. 减速机润滑油泄漏检查：

① 检查减速机轴承室磨损程度；

② 检查减速机齿轴轴径磨损程度；

③ 检查减速机传动轴轴承磨损或轴承故障；

④ 检查减速机结合面；

⑤ 检查减速机齿轮是否失效；

⑥ 如果遇到上述任何一个问题，需寻求专业机器人维修公司进行维修。

5. 检查机械停止装置：

① 关闭工业机器人的所有电源、液压源和气源，进入工业机器人工作区域。目测检查轴 1 机械停止装置；

② 目测检查轴 2 机械停止装置；

③ 目测检查轴 3 机械停止装置；

④ 当发现机械停止装置存在弯曲、松动或损坏情况时，则进行更换。

6. 检查阻尼器：

① 关闭工业机器人的所有电源、液压源和气源，进入工业机器人工作区域，目测检查轴 1 阻尼器；

② 目测检查轴 2、轴 3 阻尼器；

③ 当发现阻尼器存在裂纹、印痕或连接螺钉变形的情况时，则进行更换。

7. 电池组更换：

① 卸下螺钉，从工业机器人上卸下底座盖；

② 断开电池组电缆与电路板上编码器接口的连接；

③ 剪断电缆带，卸下旧电池；

④ 用电缆带重新绑扎新电池组；

⑤ 连接新电池电缆与电路板上编码器接口；

⑥ 用螺钉将底座盖重新安装到工业机器人上。

学习笔记：

班级：__________ 学号：__________ 姓名：__________ 日期：__________

【任务测评】

在线测试

一、填空题

1. 在进行检查作业前，操作人员需要穿戴工作服、安全鞋、__________。

2. 在接触可能变热的组件前需要用手__________感受热辐射。

3. 在检查机械停止装置和阻尼器前需要关闭机器人所有的电力、__________和气压供给。

4. 目测检查阻尼器，若发现有裂纹需要__________。

5. 若示教器信息栏显示代码__________，则表示工业机器人本体的电量低，需要尽快更换电池。

二、选择题

1. 工业机器人异常发热的原因中不包括（　　）。

A. 过载运行　　B. 电源欠压

C. 长时间运行　　D. 空气过滤器阻塞

2. 齿轮箱润滑油泄漏的原因中不包括（　　）。

A. 密封件破损　　B. 电源电压过高

C. 齿轮箱内油过多　　D. 油箱内压力过大

3. 检查机械停止装置前需要关闭机器人所有的电源、（　　）、气压源。

A. 液压源　　B. 动力源

C. 能量源　　D. 输入源

4. 当工业机器人阻尼器上裂纹超过（　　）需要更换。

A. 2mm　　B. 1.5mm

C. 0.5mm　　D. 1mm

5. 电池组拆卸步骤中不包含（　　）。

A. 拆卸底座盖

B. 切断电源

C. 剪开电池组紧固扎带

D. 断开与编码器连接的电池电缆

三、判断题

1. 可以用手接触可能发热组件的方式判断组件是否发热。（　　）

2. 电源电压过高可能导致工业机器人电机异常发热。（　　）

3. 当机械停止装置松动时，需要更换机械停止装置。（ ）

4. 当阻尼器上印痕超过 1mm 时需要更换。（ ）

5. 更换电池组后需要更新转数计数器。（ ）

四、操作题

1. 操作时，工业机器人本体产生机械异响，操作人员准备检查的内容有哪些？如果发现异常，将如何处理？

2. 在检查机械停止装置前操作人员需要做哪些准备工作？在什么情况下需要更换机械停止装置？

3. 断电更换电池组并更新转数计数器。操作完成后，写出操作步骤。

任务二　工业机器人控制柜及附件常规检查

【任务描述】

在使用工业机器人进行示教编程前，根据工业机器人控制柜及附件常规检查方案，对工业机器人控制柜、电线电缆、快换工具及气管进行检查，并做好记录。

【任务目标】

1. 能进行控制柜常规检查。
2. 能进行电线电缆常规检查。
3. 能进行工具及气管常规检查。
4. 使学生具有主动排查安全隐患的能力和安全防护意识。

【任务准备】

一、快换工具和气管

工作站中的工业机器人末端设有快换装置主端口，可不用工具、无需人为干涉就自动完成切换。

定期检查快换装置上以及连接在工业机器人本体上的气管及波纹管，若有损坏需及时更换；同时需使用扎线带整理并固定气管，避免在工业机器人运动过程中气管与其他部件之间的缠绕造成的损坏。

二、工业机器人控制柜及附件常规检查注意事项

工业机器人控制柜及附件常规检查的注意事项如下所述。

① 工业机器人控制柜常规检查要求操作人员具有一定的专业知识和熟练的操作技能，在检查和处理过程中不得损坏控制柜内部元件。

② 在电线电缆常规检查前务必保证与工业机器人连接的电源、液压源、气压源全部关闭。

③ 在工具及气管常规检查过程中需要进行现场近距离操作，因而具有一定的危险性，所以操作人员必须穿戴好安全防护装备。

【任务实施】

一、实施前检查

① 工作服、安全鞋、安全帽。

② 工业机器人（本体、控制柜、示教器）。

③ 内六角扳手、十字螺丝刀、一字螺丝刀、万用表、斜口钳、扎带、干净的擦机布。

二、控制柜常规检查

控制柜的具体检查步骤见表6-3。

表6-3　控制柜检查步骤

序号	操作步骤
1	关闭主电源，断开电源线与插座的连接
2	检查控制柜电气元件安装是否整齐、固定是否牢固，如果固定位置松动，用相应工具进行紧固
3	根据电气原理图查看接线是否正确，线径、颜色、线号是否和原理图一致
4	轻拉各个端口接线，检查电气接线是否接触不良或松动，并用万用表的蜂鸣挡检查连线通断。如发现松动或断线的情况，用相应工具进行重新接线
5	轻按控制柜中的插拔端子，如发现松脱需重新插紧
6	查看电气柜内警示标签是否有污损，若标签已污损则重新更换新标签
7	检查系统风扇和通风口是否积灰，如有灰尘则将其清理干净
8	打开主电源，查看系统风扇是否正常运转
9	控制柜急停功能测试
10	手动/自动模式切换功能测试
11	抱闸功能测试

三、电线电缆常规检查

IRC5紧凑型控制柜连接的电线电缆有电源线、本体动力电缆、关节轴SMB电缆、示教器电缆。电线电缆具体检查步骤见表6-4。

表 6-4 电线电缆检查步骤

序号	操作步骤
1	关闭连接到机器人的所有能源：电源、气压源
2	进入机器人工作区域
3	目视检查电缆表面是否有磨损或损坏，若发现表面有磨损或损坏，则及时更换
4	检查电缆接口是否固定牢靠，发现松动后重新连接
5	检查电缆布线是否合理，是否有以下现象：过度弯曲、缠绕、打结
6	检查所有支架和紧固带是否正确连接

四、工具及气管常规检查

工具及气管具体检查步骤见表 6-5。

表 6-5 工具及气管检查步骤

序号	操作步骤
1	检查吸盘工具的吸盘是否完好，如有损坏将影响工件的吸取，需及时更换
2	检查涂胶工具的笔尖是否完好，如有损坏将影响模拟涂胶，需及时维修或更换
3	检查夹爪工具是否完好，如有损坏将影响工件的抓取，需及时维修或更换
4	检查抛光工具是否完好，如有损坏将有可能影响抛光工艺的进行，需及时维修或更换
5	检查焊枪工具是否完好，如有损坏将影响焊接工艺的进行，需及时维修或更换
6	检查工具快换装置是否完好，如未能锁紧的末端执行器，需检测气源管连接和气源压力

【任务小结】

1. 控制柜常规检查：

① 关闭主电源，断开电源线与插座的连接；

② 检查控制柜电气元件；

③ 根据电气原理图查看接线；

④ 检查电气接线是否接触不良；

⑤ 查看电气柜内警示标签；

⑥ 检查系统风扇和通风口；

⑦ 测试控制柜急停功能；

⑧ 测试手动/自动模式切换；

⑨ 测试抱闸功能。

2. 电线电缆常规检查：

① 关闭工业机器人的所有电源、液压源和气源，进入机器人工作区域；
② 目视检查电缆表面；
③ 检查电缆接口；
④ 检查电缆布线是否合理；
⑤ 检查所有支架和紧固带是否正确连接。
3. 工具及气管常规检查：
① 检查吸盘工具的吸盘是否完好；
② 检查涂胶工具的笔尖是否完好；
③ 检查夹爪工具是否完好；
④ 检查抛光工具是否完好；
⑤ 检查焊枪工具是否完好。

学习笔记：

班级：＿＿＿＿＿ 学号：＿＿＿＿＿ 姓名：＿＿＿＿＿ 日期：＿＿＿＿＿

【任务测评】

在线测试

一、填空题

1. 电气柜内＿＿＿＿＿污损需要及时更换。

2. 万用表＿＿＿＿＿可以检查电气柜内连线的通断。

3. 在进入机器人工作区域前需要关闭机器人所有的电力、＿＿＿＿＿和气压供给。

4. 目测检查电缆线布线是否存在过度弯曲、＿＿＿＿＿、打结等不合理现象。

5. 为了避免工业机器人运动过程中气管与其他部件之间的缠绕造成的损坏，需要对气管＿＿＿＿＿。

二、选择题

1. 根据电气原理图可以检查接线的线径、（　　）、线号是否和原理图一致。

A. 型号　　B. 材质
C. 颜色　　D. 粗细

2. 工业机器人电气柜上主要有动力电缆、示教器电缆、电源电缆和（　　）。

A. SMB 电缆　　B. 电力电缆
C. 数字电缆　　D. 电线电缆

3. 检查电缆布线，发现过度弯曲、（　　）、打结现象需要整理或重新布线。

A. 磨损　　B. 缠绕
C. 断裂　　D. 流畅

4. 工具装置可以实现在工业机器人制造和装配过程中交换使用不同的（）。

A. 末端执行器　　B. 气管
C. 法兰盘　　D. 机器人

5. 为防止工业机器人运行时气管刮蹭到其他部件，可以（　　）。

A. 将气管整理并固定
B. 将气管剪断
C. 尽量缩短气管长度
D. 不用气管

三、判断题

1. 可以带电检查控制柜。 (　　)

2. 检查电气柜时，若发现某个电气接线松动则需要紧固。 (　　)

3. 系统风扇上的积灰可以等到风扇转不动时再处理。 (　　)

4. 一旦发现电缆表面有磨损需要及时更换。 (　　)

5. 吸盘工具上的吸盘破损不会影响吸盘工具工作。 (　　)

四、操作题

1. 将动力电缆连接至控制柜（图 6-7）和机器人本体底座接口（图 6-8）。操作完成后，写出操作步骤。

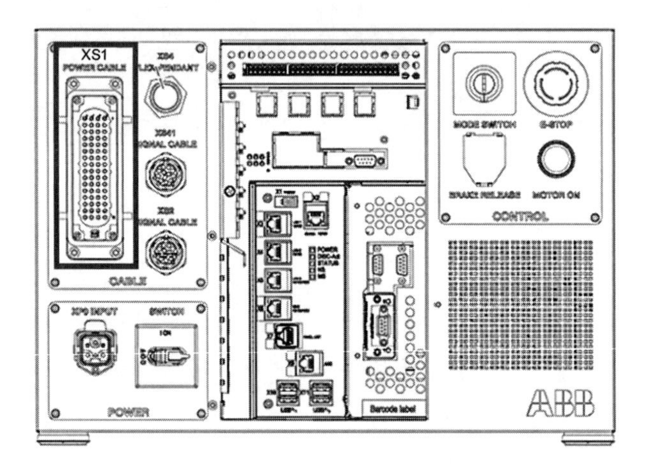

图 6-7　工业机器人控制柜

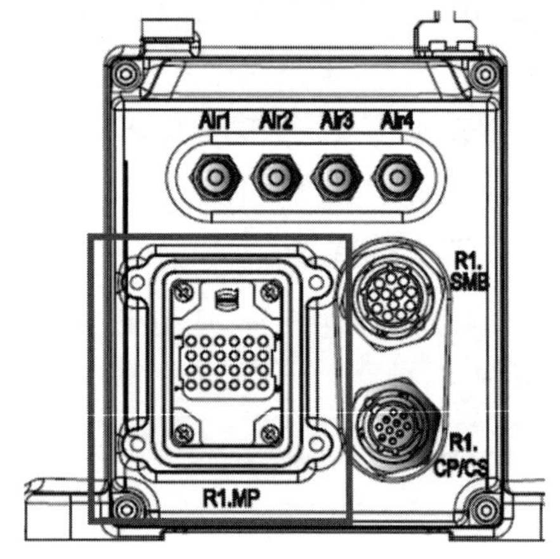

图 6-8　工业机器人本体底座接口

2. 检查电线电缆。操作完成后，写出操作步骤。

3. 检查吸盘工具，如损坏则更换吸盘。操作完成后，写出操作步骤。

任务三　工业机器人本体定期维护

【任务描述】

通过对机器人本体定期维护，可以确保工业机器人功能正常。根据工业机器人检查与维护方法，对同步带进行定期检查，并定期更换润滑油。

【任务目标】

1. 能更换润滑油。
2. 能检查同步带。
3. 使学生认识到团队合作的重要性，从而达到事半功倍的效果。

【任务准备】

一、润滑油更换注意事项

① 润滑油或油脂的更换和排放可能需要在高达 90℃ 的温度下进行，因此需要确保操作人员在工作过程中始终佩戴防护工具（护目镜和手套）。

② 打开润滑油或润滑脂塞时，齿轮箱中可能存在一定的压力，因此需要确保操作人员在打开油塞时远离开口处。

③ 按照产品手册要求使用指定润滑油，严禁混合使用不同类别润滑油。

二、工业机器人本体定期维护注意事项

工业机器人本体定期维护的注意事项如下所述。

① 操作人员需要具有一定的专业知识和熟练的操作技能，并且需要进行现场近距离操作，因而具有一定的危险性，所以操作人员必须穿戴好安全防护装备。

② 在开始维护前务必确保工业机器人已经断电。在完成断电后，使用万用表检查电源是否断开。

③ 为防止在维护过程中损坏工业机器人，操作人员一定要熟悉工业机器人维护制度，熟记维护注意事项。

【任务实施】

一、实施前检查

① 工作服、安全鞋、安全帽、护目镜、手套。

② 工业机器人（本体、控制柜、示教器）。

③ 内六角扳手、十字螺丝刀、一字螺丝刀、斜口钳、扎带、干净擦机布。

二、润滑油更换

润滑油更换具体步骤见表 6-6。

表 6-6 润滑油更换步骤

序号	操作步骤
1	如果工业机器人非水平安装，必须先将工业机器人拆下并固定在地面上
2	将工业机器人各轴调整到零点位置
3	关闭连接到机器人的所有以下部件：电源、液压源、气压源，进入工业机器人工作区域
4	拆卸下排油孔上的油塞并将齿轮箱内的润滑油排出
5	排油完毕后，用擦机布将排油孔周围清理干净，重新安装排油孔油塞
6	拆卸下注油孔油塞，按照该型号工业机器人的操作手册要求注射指定型号润滑油
7	完成注油后，用擦机布将注油孔清理干净，重新安装注油孔油塞

三、同步带检查

1. 检查轴 5 同步带

① 关闭工业机器人的所有电源、液压源和气源，进入工业机器人工作区域。

② 拆卸手腕侧盖，轴与同步带位置如图 6-9 所示。

③ 检查轴 5 同步带是否损坏或磨损，如图 6-10 所示。

④ 检查轴 5 同步带轮，如图 6-11 所示。

⑤ 如果检查到任何损坏或磨损，则必须更换该部件。具体步骤如下。

a. 拧松电机轴 5 的止动螺钉；b. 拆下同步带；c. 换上新同步带；d. 调整同步带松紧后，拧紧轴 5 的止动螺钉。

⑥ 检查轴 5 皮带张力是否在 7.6～8.4N 内，如果不在则进行调整。

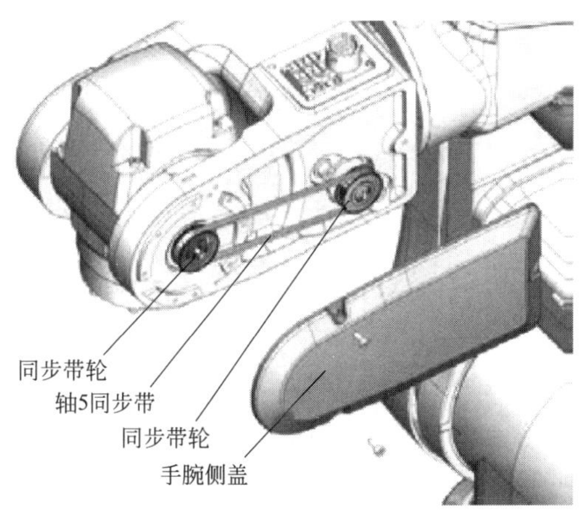

图 6-9　轴 5 同步带位置

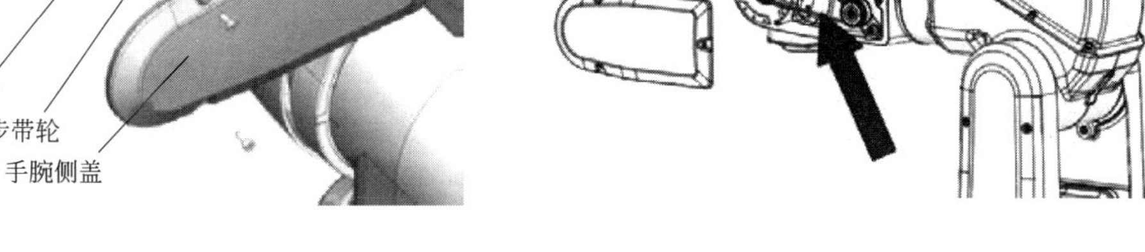

图 6-10　检查轴 5 同步带

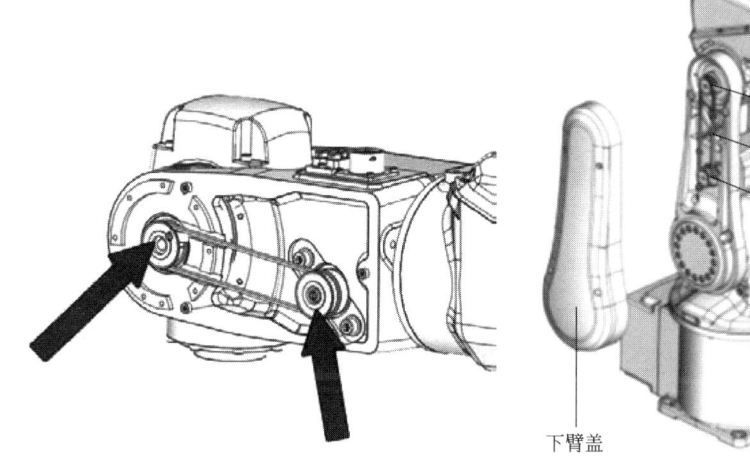

图 6-11　检查轴 5 同步带轮

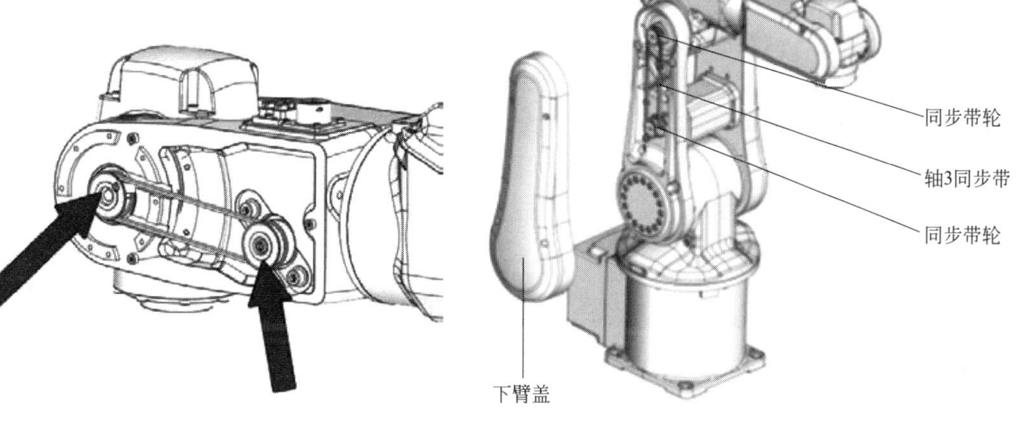

图 6-12　轴 3 同步带位置

2. 检查轴 3 同步带

① 拆卸下臂盖，轴 3 同步带位置如图 6-12 所示。

② 检查轴 3 同步带是否损坏或磨损，如图 6-13 所示。

③ 检查轴 3 同步带轮，如图 6-14 所示。

④ 如果检查到任何损坏或磨损，则必须更换该部件。具体步骤同轴 5。

⑤ 检查轴 3 皮带张力是否在 18～19.8N 内，如果不在，则进行调整。

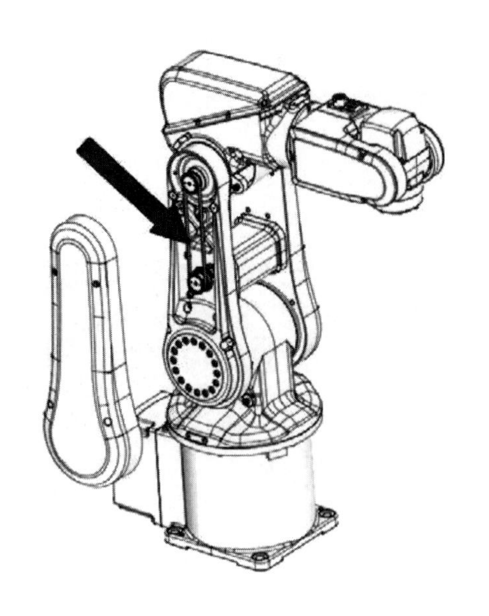

图 6-13　检查轴 3 同步带

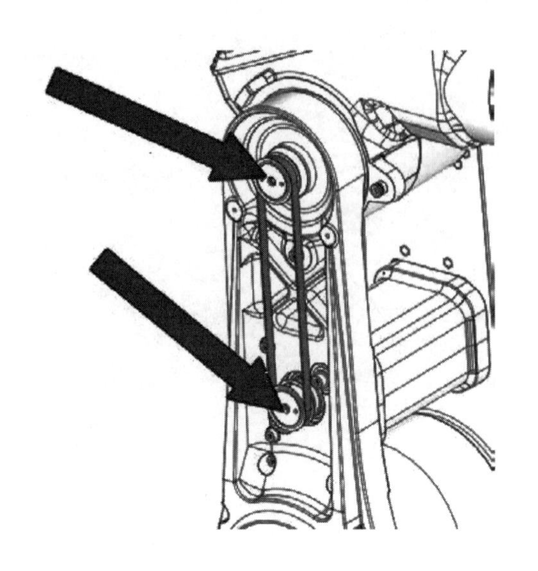

图 6-14　检查轴 3 同步带轮

【任务小结】

1. 润滑油更换：①确保工业机器人固定在地面上；②将工业机器人各轴调整到零点位置；③关闭连接到机器人的所有的电源、液压源和气压源，进入工业机器人工作区域；④排出齿轮箱内的润滑油，用擦机布清理排油孔周围并安装排油孔油塞；⑤注射指定型号的润滑油；⑥完成注油后，用擦机布清理注油孔周围并安装注油孔油塞。

2. 检查轴 5 同步带：①关闭工业机器人的所有电源、液压源和气源，进入工业机器人工作区域；②拆卸手腕侧盖；③检查轴 5 同步带是否损坏或磨损；④检查轴 5 同步带轮；⑤检查到任何损坏或磨损，则必须更换该部件；⑥确认轴 5 皮带张力是否在 7.6～8.4N 内，否则调整。

3. 检查轴 3 同步带：①拆卸下臂盖；②检查轴 3 同步带是否损坏或磨损；③检查轴 3 同步带轮；④检查到任何损坏或磨损则必须更换该部件；⑤确认轴 3 皮带张力是否在 18～19.8N 内，否则需要进行调整。

学习笔记：

班级：__________ 学号：__________ 姓名：__________ 日期：__________

【任务测评】

在线测试

一、填空题

1. 在润滑油更换过程中操作人员始终要佩戴的防护工具是__________。

2. 更换润滑油过程中工业机器人的每个轴需要调整到__________位置。

3. 排油完成后需要将排油孔周围__________，才能重新安装油塞。

4. IRB 120 机器人的轴 3 和轴__________由同步带驱动。

5. 检查轴 5 同步带需要拆卸__________。

二、选择题

1. 在维护工业机器人本体前需要切断（　　）、气源和液压源。

A. 电源

B. 能量源

C. 能源

D. 驱动源

2. 当轴 3 同步带张力小于（　　）时，需要进行调整。

A. 20N　　B. 22N

C. 18N　　D. 19N

3. 当轴 5 同步带张力小于（　　）时，需要进行调整。

A. 10N　　B. 7N

C. 8N　　D. 9N

4. 轴 3、轴 5 同步带断裂需要（　　）。

A. 重新粘连　　B. 重新缝合

C. 更换　　D. 上报处理

5. 对于工业机器人各关节轴更换周期类型错误的是（　　）。

A. 免维护终生润滑

B. 部分关节轴定期润滑

C. 各关节轴定期润滑

D. 轴 1 免维护终生润滑

三、判断题

1. 润滑油可以混合使用。（　　）

2. 因为齿轮箱中可能存在一定压力，所以在打开油塞时一定要足够近观

察。（　　）

3. 同步带上出现破损，但为了节约成本可以继续使用。（　　）

4. 用手感觉同步带张力就可以判断出同步带张力是否达标。（　　）

5. 拆卸手腕侧盖后可以看到轴 5 的同步带。（　　）

四、操作题

1. 检查轴 3 同步带是否有破损。操作完成后，写出操作步骤。

2. 检查轴 5 同步带是否有破损。操作完成后，写出操作步骤。

3. 更换轴 5 同步带，图 6-15 为轴 5 止动螺钉，图 6-16 为取下同步带操作。操作完成后，写出操作步骤。

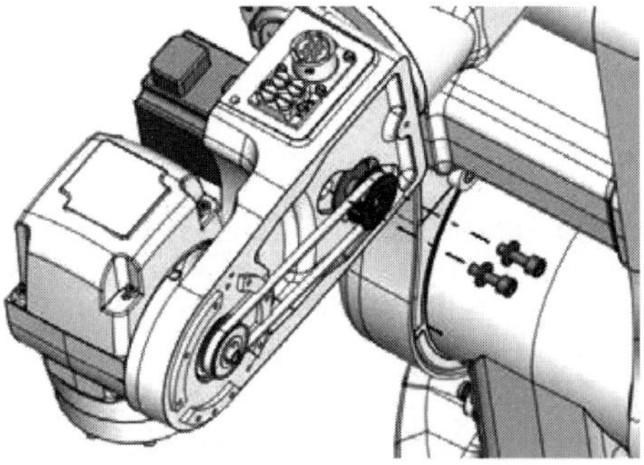

图 6-15　轴 5 止动螺钉

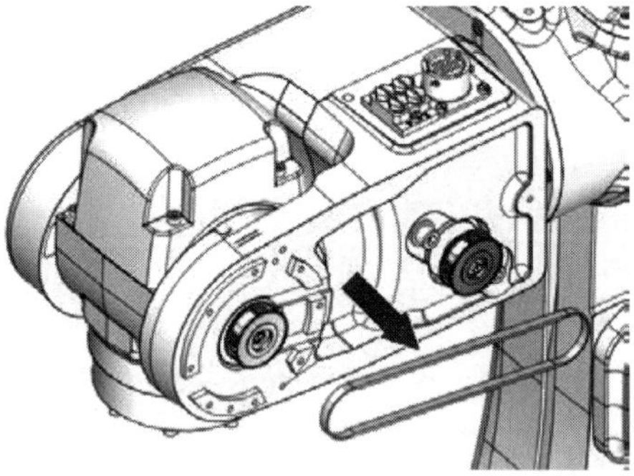

图 6-16　取下同步带

任务四　工业机器人 I/O 信号配置

【任务描述】

工业机器人运行过程中需要与外部设备进行通信，数字 I/O 为通信方法的一种。通过操作示教器，可以设置 I/O 信号板卡、关联输入输出信号、配置可编程按钮测试输出信号和控制外部执行元件。

【任务目标】

1. 能配置 I/O 板卡。
2. 能配置 I/O 信号。
3. 能配置可编程按钮。
4. 使学生具备合理配置资源的大局意识。

【任务准备】

一、工业机器人 I/O 信号配置过程中的参数构成

在 I/O 信号配置过程中需要设置的参数有：I/O 板卡的模板值、板卡名称、板卡地址、板卡连接类型；信号名、信号类型、关联的板卡、信号标签、信号地址；按键类型、数字输出。

二、参数监测注意事项

参数监测的注意事项如下所述。

① I/O 信号配置要求操作人员具有一定的专业知识和熟练的操作技能，并且需要进行现场近距离操作，因而具有一定的危险性，所以必须穿戴好安全防护装备。

② 在监测操作过程中，如果遇到其他报警信息，不要盲目操作，以防删除系统文件。

③ 示教器的交互界面为液晶显示屏，不要使用尖锐、锋利的工具操作示教器，以防划伤示教器的液晶显示屏。

【任务实施】

一、实施前检查

① 工作服、安全鞋、安全帽、护目镜、手套。
② 工业机器人（本体、控制柜、示教器）。
③ 干净擦机布。

二、 I/O 板卡配置

I/O 板卡配置操作步骤见表 6-7。

表 6-7　I/O 板卡配置操作步骤

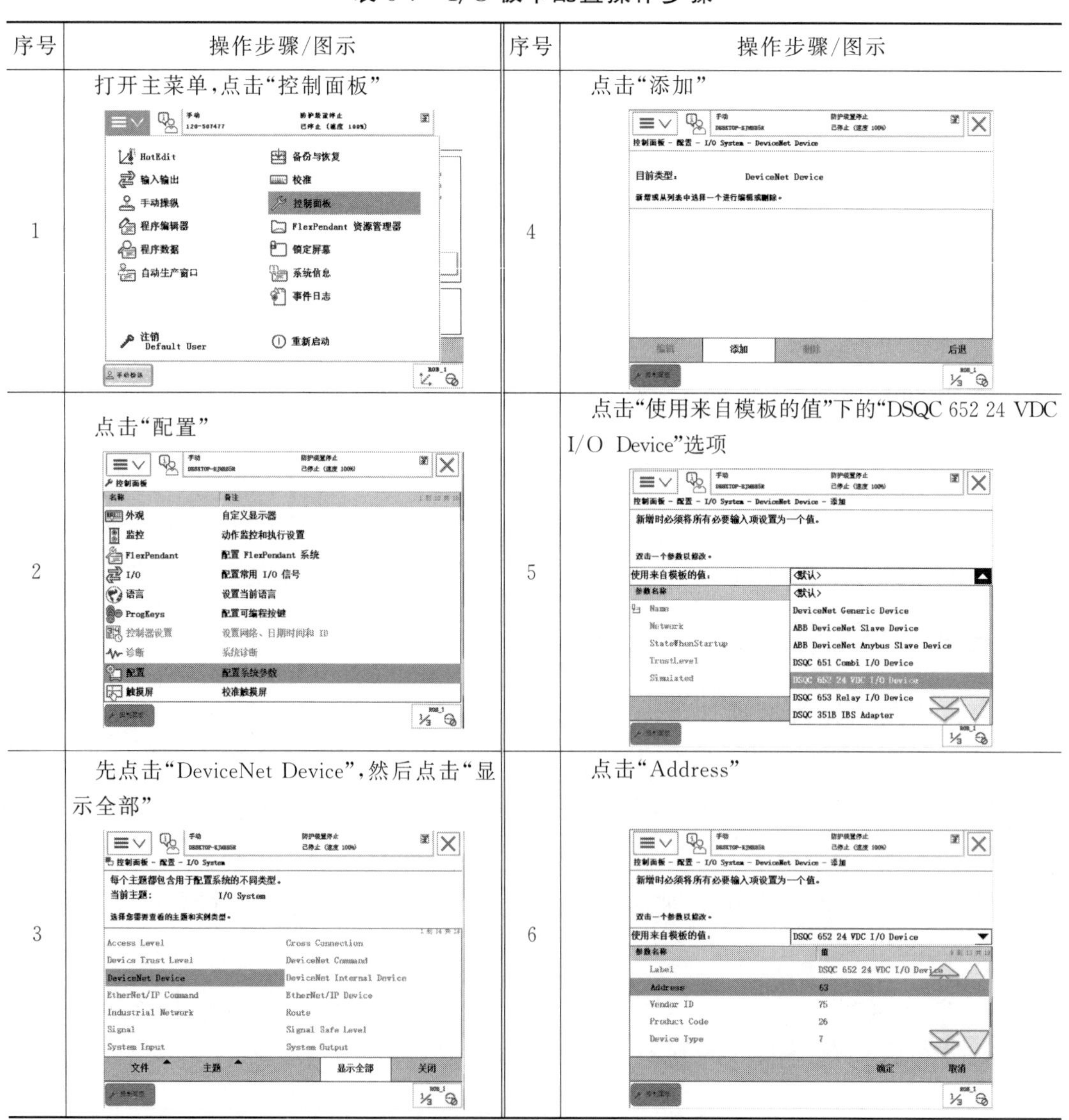

序号	操作步骤/图示	序号	操作步骤/图示
1	打开主菜单，点击“控制面板”	4	点击“添加”
2	点击“配置”	5	点击“使用来自模板的值”下的“DSQC 652 24 VDC I/O Device”选项
3	先点击“DeviceNet Device”，然后点击“显示全部”	6	点击“Address”

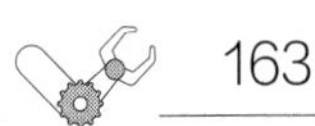

续表

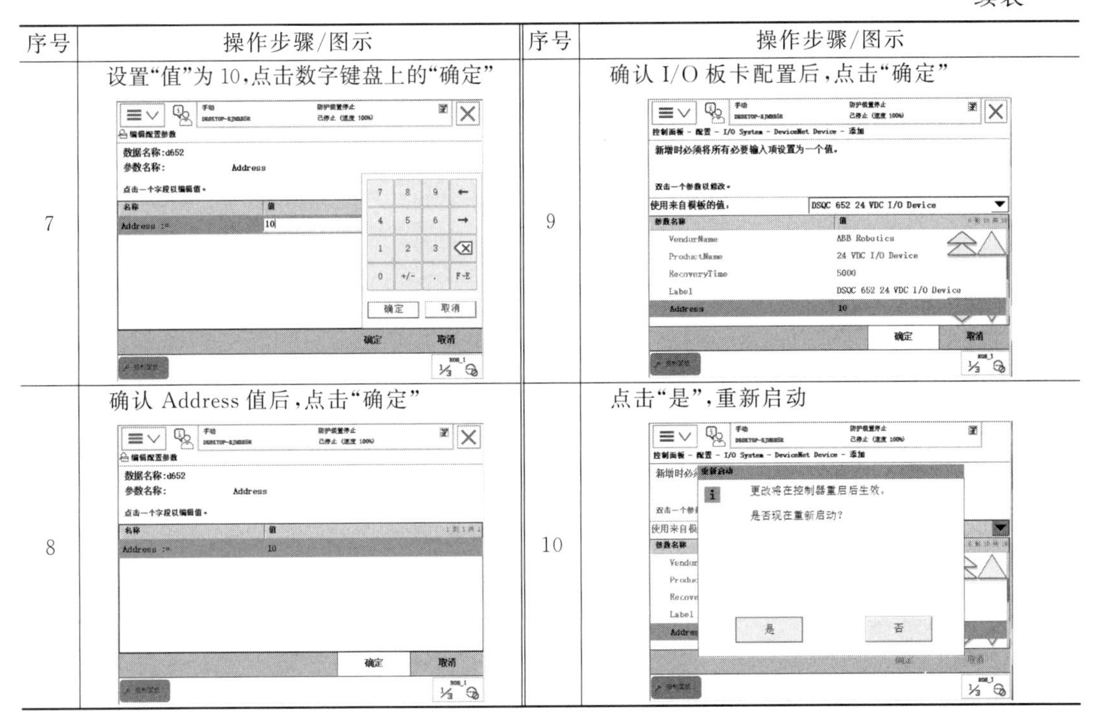

序号	操作步骤/图示	序号	操作步骤/图示
7	设置“值”为10,点击数字键盘上的“确定”	9	确认I/O板卡配置后,点击“确定”
8	确认Address值后,点击“确定”	10	点击“是”,重新启动

三、 I/O信号配置

具体I/O信号配置操作步骤见表6-8。

表6-8　I/O信号配置操作步骤

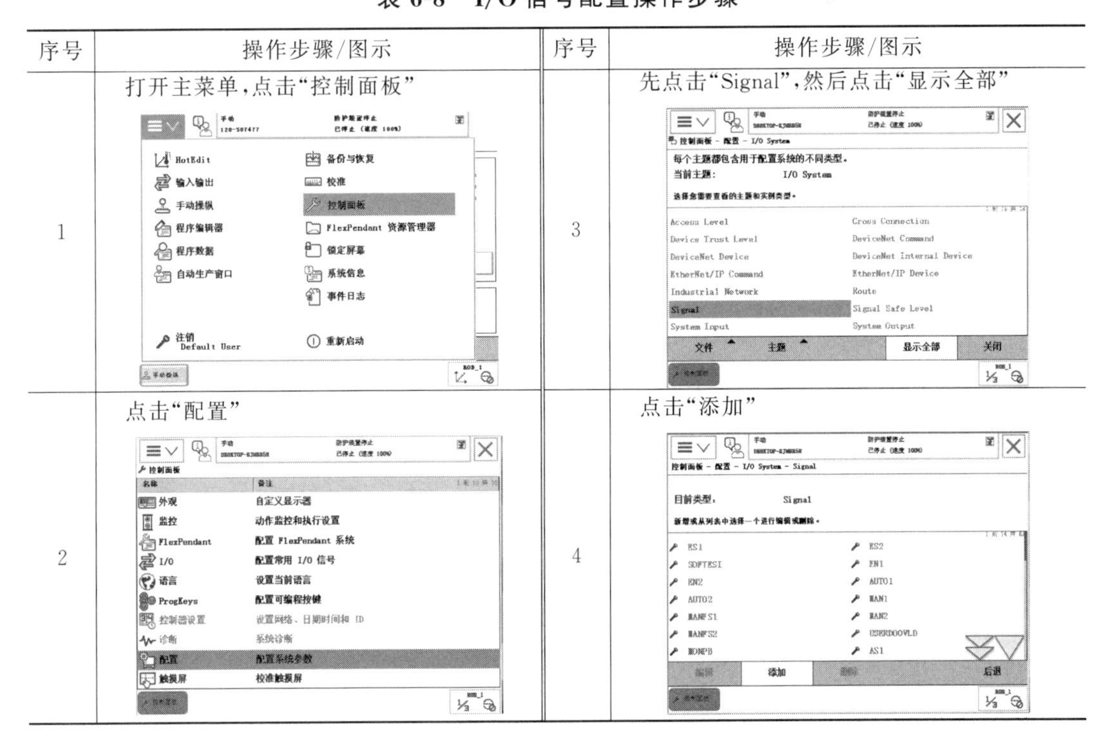

序号	操作步骤/图示	序号	操作步骤/图示
1	打开主菜单,点击“控制面板”	3	先点击“Signal”,然后点击“显示全部”
2	点击“配置”	4	点击“添加”

续表

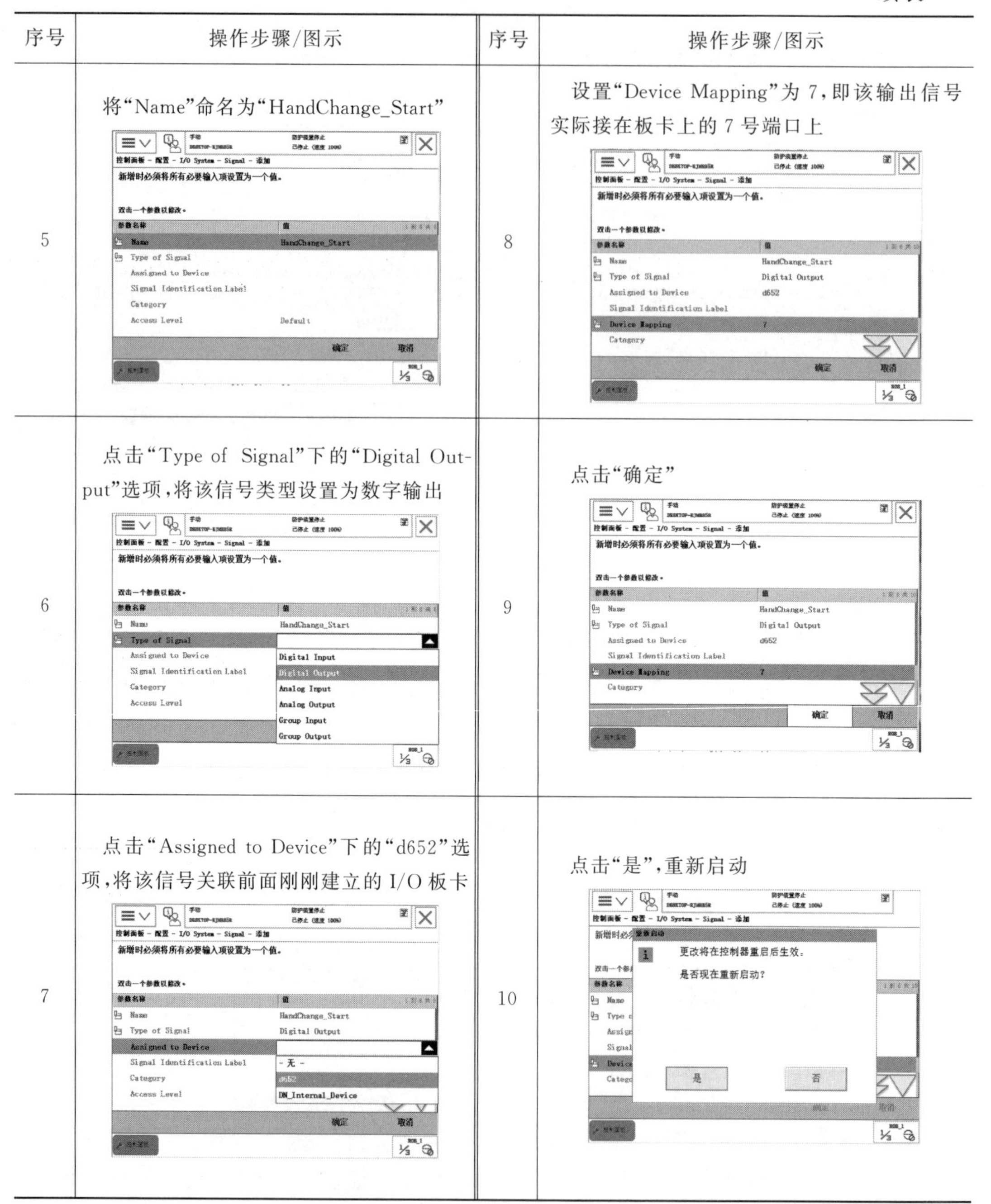

序号	操作步骤/图示	序号	操作步骤/图示
5	将“Name”命名为“HandChange_Start”	8	设置“Device Mapping”为 7，即该输出信号实际接在板卡上的 7 号端口上
6	点击“Type of Signal”下的“Digital Output”选项，将该信号类型设置为数字输出	9	点击“确定”
7	点击“Assigned to Device”下的“d652”选项，将该信号关联前面刚刚建立的 I/O 板卡	10	点击“是”，重新启动

注：其他信号类型选项分别还有：Digital Input，数字信号输入；Analog Input，模拟信号输入；Analog Output，模拟信号输出；Group Input，组信号输入；Group Output，组信号输出。

四、可编程按钮配置

具体可编程按钮设置操作步骤见表 6-9。

表 6-9　I/O 可编程按钮设置操作步骤

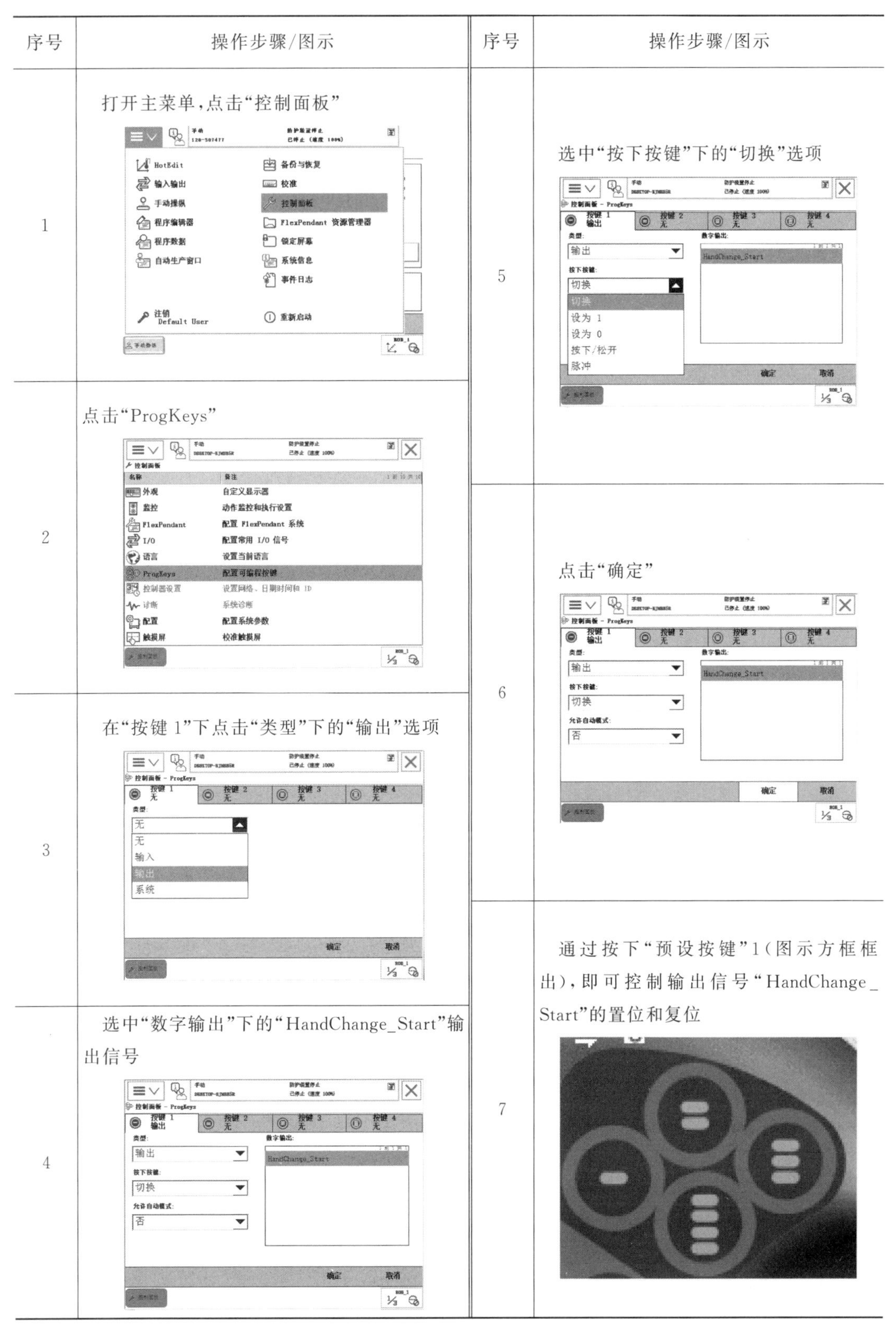

序号	操作步骤/图示	序号	操作步骤/图示
1	打开主菜单，点击“控制面板”	5	选中“按下按键”下的“切换”选项
2	点击“ProgKeys”	6	点击“确定”
3	在“按键 1”下点击“类型”下的“输出”选项	7	通过按下“预设按键”1（图示方框框出），即可控制输出信号“HandChange_Start”的置位和复位
4	选中“数字输出”下的“HandChange_Start”输出信号		

【任务小结】

1. I/O 板卡配置：

① 打开主菜单，点击“控制面板”；

② 点击“配置”；

③ 先点击“DeviceNet Device”，然后点击“显示全部”；

④ 点击“添加”；

⑤ 点击“使用来自模板的值”下的“DSQC 652 24 VDC I/O Device”选项；

⑥ 将“Address”设置为 10；

⑦ 点击“确定”；

⑧ 重启工业机器人完成配置。

2. I/O 信号配置：

① 打开主菜单，点击“控制面板”；

② 点击“配置”；

③ 先点击“Signal”，然后点击“显示全部”；

④ 点击“添加”；

⑤ 信号名为“HandChange-Start”，类型为“Digital Output”；

⑥ 点击“Assigned to Device”下的“d652”选项，将该信号关联前面刚刚建立的 I/O 板卡；

⑦ 设置“Device Mapping”为 7；

⑧ 点击“确定”；

⑨ 点击“是”，重新启动，完成配置。

3. 可编程按钮配置：

① 打开主菜单，点击“控制面板”；

② 点击“ProgKeys”；

③ 在“按键 1”下点击“类型”下的“输出”选项；

④ 选中“数字输出”下的“HandChange _ Start”输出信号；

⑤ 选中“按下按键”下的“切换”选项；

⑥ 点击“确定”。

学习笔记：

班级：＿＿＿＿＿＿ 学号：＿＿＿＿＿＿ 姓名：＿＿＿＿＿＿ 日期：＿＿＿＿＿＿

【任务测评】

在线测试

一、填空题

1. I/O板卡配置操作，在主菜单→控制面板→配置→＿＿＿＿＿＿下添加。

2. I/O信号配置操作，在主菜单→控制面板→配置→＿＿＿＿＿＿下添加。

3. 设置输出信号，则应选择“Type of Signal”下的＿＿＿＿＿＿选项。

4. 设置输入信号，则应选择“Type of Signal”下的＿＿＿＿＿＿选项。

5. 可编程按键配置操作，在主菜单→控制面板→＿＿＿＿＿＿下配置。

二、选择题

1. 要配置DSQC 652板卡，则“使用来自模板的值”应选择（　　）。

A. “DeviceNet Generic Device”

B. “DSQC 651 Combi I/O Device”

C. “DSQC 652 24 VDC I/O Device”

D. “DSQC 653 Relay I/O Device”

2. 在配置I/O信号过程中将“Type of Signal”配置为“Group Output”表示（　　）。

A. 组信号输入　　B. 模拟信号输入

C. 模拟信号输出　　D. 组信号输出

3. 在配置I/O信号过程中将“Type of Signal”配置为“Analog Output”表示（　　）。

A. 组信号输入　　B. 模拟信号输入

C. 模拟信号输出　　D. 组信号输出

4. 在配置I/O信号过程中将，如果希望该信号为数字信号输出，则应该将“Type of Signal”配置为（　　）。

A. “Group Output”　　B. “Digital Input”

C. “Digital Output”　　D. “Analog Input”

5. 如果希望可以通过同一个可编程按钮实现对输出信号的置位和复位，则在可编程按钮的配置过程中应该将“按下按键”配置为（　　）。

A. 设为1　　B. 设为0

C. 切换　　D. 脉冲

三、判断题

1. 配置完 I/O 板卡后不重新启动，则无法配置 I/O 信号。 (　　)

2. 配置完 I/O 信号后可以不重新启动就使用 I/O 信号。 (　　)

3. 配置完 I/O 板卡和 I/O 信号后重新启动，即可使用该 I/O 信号。 (　　)

4. 配置 I/O 信号过程中无需关联对应 I/O 板卡，即可使用该 I/O 信号。 (　　)

5. 最多可以配置 4 个可编程按钮。 (　　)

四、操作题

1. 配置 DSQC 652 板卡，在实训设备上进行操作，并将其命名为“board＋学号”。操作完成后，写出操作步骤。

2. 配置输出信号“Grip”，其接线端口号为 4，在实训设备上进行操作。操作完成后，写出操作步骤。

3. 配置可编程按钮，使其可以控制夹爪开或闭。操作完成后，写出操作步骤。

附录一　实训安全操作须知

工业机器人工作时，其工作空间是危险场所，稍有不慎就有可能发生事故，因此，相关操作人员必须熟知工业机器人安全操作要求。从事安装、操作、保养等工作的相关人员，必须遵守运行期间安全第一的原则。操作人员在使用工业机器人时，需要注意以下事项。

① 未经允许，无关人员不得进入工业机器人实训室。进入实训室后，着装须符合实训室有关规定，不准穿裙子或长衣宽袖、短裤、汗背心、拖鞋、凉鞋、高跟鞋等。

② 严禁携带易燃易爆物品，禁止吸烟，禁止酗酒人员进入实训室。

③ 避免在工业机器人的工作场所周围做出危险行为。在工业机器人运行过程中，靠近工作区域可能造成人身伤害。

④ 实训过程中不得串岗、脱岗，不得动用与实训内容无关的设备、仪器、工具等。禁止私自打开工业机器人控制柜与电气控制柜。

⑤ 严禁无证拉、接电线，非指定人员禁止打开配电箱。

⑥ 不得强制搬动、悬吊、骑坐在工业机器人上，以免造成人身伤害或者设备损坏。

⑦ 不得倚靠在工业机器人或者其他设备上，不能随意按动开关或者按钮，以免工业机器人发生意想不到的动作而造成人身伤害或者设备损坏。

⑧ 当工业机器人处于通电状态时，禁止未接受培训的操作人员触摸工业机器人控制柜和示教器，以防造成人身伤害或者设备损坏。

⑨ 设备、仪器和工具使用完毕后，应将其整理归类，并做好实训室设备及环境卫生工作，关闭电源和气源后方可离开。

附录二　课程思政图谱

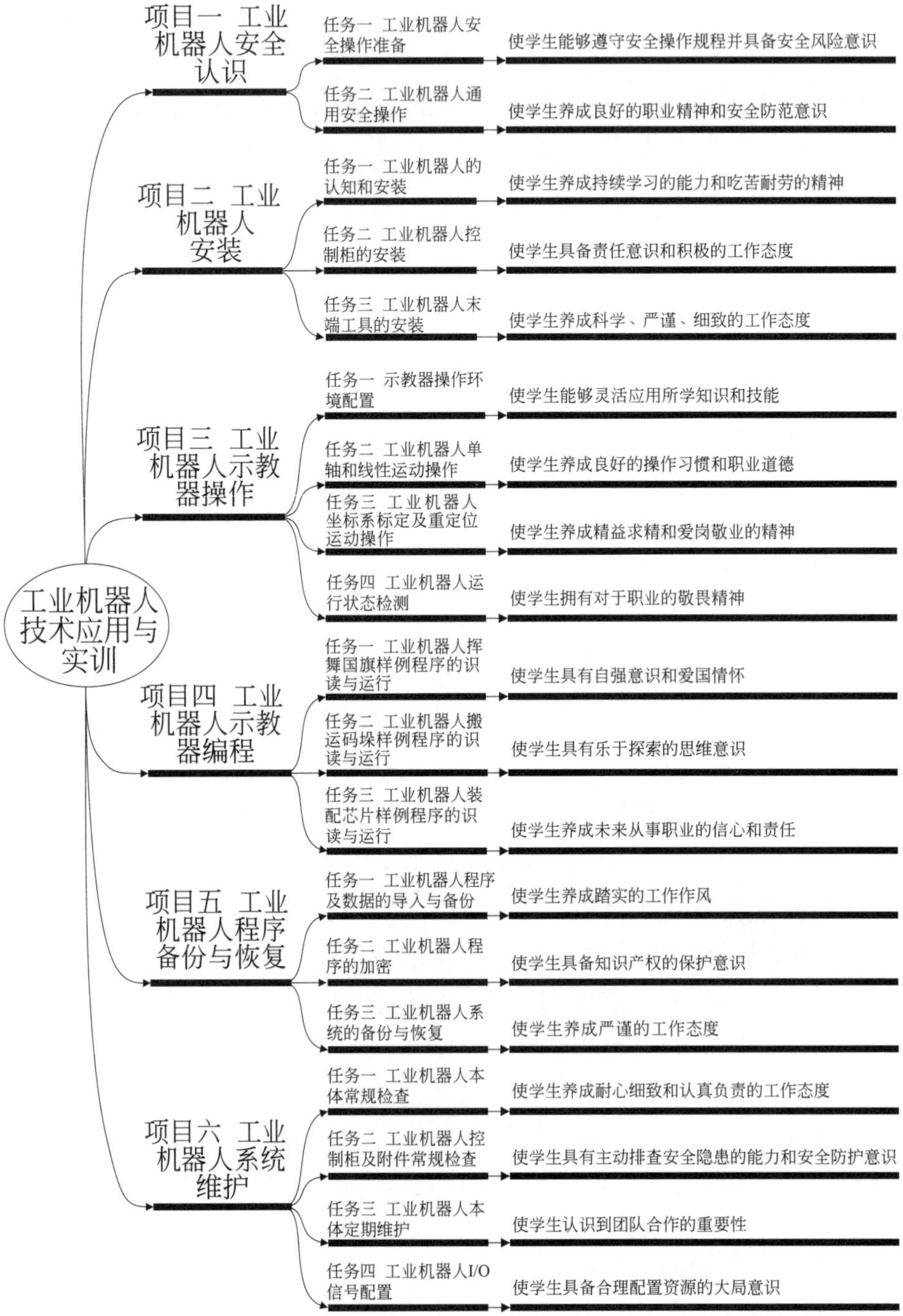

工业机器人技术应用与实训

- 项目一 工业机器人安全认识
  - 任务一 工业机器人安全操作准备 → 使学生能够遵守安全操作规程并具备安全风险意识
  - 任务二 工业机器人通用安全操作 → 使学生养成良好的职业精神和安全防范意识
- 项目二 工业机器人安装
  - 任务一 工业机器人的认知和安装 → 使学生养成持续学习的能力和吃苦耐劳的精神
  - 任务二 工业机器人控制柜的安装 → 使学生具备责任意识和积极的工作态度
  - 任务三 工业机器人末端工具的安装 → 使学生养成科学、严谨、细致的工作态度
- 项目三 工业机器人示教器操作
  - 任务一 示教器操作环境配置 → 使学生能够灵活应用所学知识和技能
  - 任务二 工业机器人单轴和线性运动操作 → 使学生养成良好的操作习惯和职业道德
  - 任务三 工业机器人坐标系标定及重定位运动操作 → 使学生养成精益求精和爱岗敬业的精神
  - 任务四 工业机器人运行状态检测 → 使学生拥有对于职业的敬畏精神
- 项目四 工业机器人示教器编程
  - 任务一 工业机器人挥舞国旗样例程序的识读与运行 → 使学生具有自强意识和爱国情怀
  - 任务二 工业机器人搬运码垛样例程序的识读与运行 → 使学生具有乐于探索的思维意识
  - 任务三 工业机器人装配芯片样例程序的识读与运行 → 使学生养成未来从事职业的信心和责任
- 项目五 工业机器人程序备份与恢复
  - 任务一 工业机器人程序及数据的导入与备份 → 使学生养成踏实的工作作风
  - 任务二 工业机器人程序的加密 → 使学生具备知识产权的保护意识
  - 任务三 工业机器人系统的备份与恢复 → 使学生养成严谨的工作态度
- 项目六 工业机器人系统维护
  - 任务一 工业机器人本体常规检查 → 使学生养成耐心细致和认真负责的工作态度
  - 任务二 工业机器人控制柜及附件常规检查 → 使学生具有主动排查安全隐患的能力和安全防护意识
  - 任务三 工业机器人本体定期维护 → 使学生认识到团队合作的重要性
  - 任务四 工业机器人I/O信号配置 → 使学生具备合理配置资源的大局意识

附录三　任务测评答案

任务测评位置		测评答案二维码
项目一	任务一	
	任务二	
项目二	任务一	
	任务二	
	任务三	

任务测评位置		测评答案二维码
项目三	任务一	
	任务二	
	任务三	
	任务四	
项目四	任务一	
	任务二	
	任务三	

任务测评位置		测评答案二维码
项目五	任务一	
	任务二	
	任务三	
项目六	任务一	
	任务二	
	任务三	
	任务四	

参考文献

［1］ 杨辉静，陈冬．工业机器人现场编程（ABB）［M］．北京：化学工业出版社，2018.

［2］ 谭志斌．工业机器人操作与运维教程［M］．北京：电子工业出版社，2019.

［3］ 蒋正炎．机器人技术应用［M］．北京：高等教育出版社，2019.

［4］ 龚仲华，龚晓雯．ABB 工业机器人编程全集［M］．北京：人民邮电出版社，2018.

［5］ 巫云，蔡亮，许妍妩．工业机器人维护与维修［M］．北京：高等教育出版社，2018.

［6］ 张春芝，钟柱培，许妍妩．工业机器人操作与编程［M］．北京：高等教育出版社，2018.

［7］ 夏智武，许妍妩，迟澄．工业机器人技术基础［M］．北京：高等教育出版社，2018.

［8］ 北京新奥时代科技有限公司．工业机器人操作与运维实训（初级）［M］．北京：电子工业出版社，2019.

［9］ 北京新奥时代科技有限公司．工业机器人操作与运维实训（中级）［M］．北京：电子工业出版社，2019.

［10］ 北京新奥时代科技有限公司．工业机器人应用编程（ABB）初级［M］．北京：高等教育出版社，2020.

［11］ 田贵福，林燕文．工业机器人现场编程［M］．北京：机械工业出版社，2017.